U0072504

# 大家來破案 II

陳偉民◎著　米糕貴◎圖

## 推薦序

# 現代版的
# 福爾摩斯與馬蓋先

／國立武陵高級中學校長　林繼生

光陰荏苒，我和陳老師偉民兄認識已將屆30年。

民國69年，我們同在新莊市新泰國中服務，他教化學（理化），我教國文。他是學校的名師，凡他任教的班級，化學（理化）成績必定數一數二，因此成為大家指定的王牌老師。我們也曾合作同教一個班級，對他教學之生動，深受家長及學生肯定感到佩服，並有一種「有為者亦若是」的企羨。

81年新莊高中成立，他果然成為創校第一批被挖角延攬的對象，直到退休。而我也在同年離開原校到板橋高中服務，但是我們之間因為刊物約稿的關係，仍時有聯繫。

大學畢業服務教職開始，我一直參與台北縣救國團《青年世紀》的編輯工作，每次都要為新的專輯企畫「捻斷數根鬚」，或將一頭白髮搔更短，凡是需要「科學」方面的文章，我第一個想到的當然是好友偉民兄，而他也一直未讓我失望，因為他不只是一位化學（理化）老師，他更是博學多聞，尤其有一支連一般文科畢業生都自嘆弗如的生花妙筆，對歷史也有超出常人的涉獵與研究，因此請他寫作科學性文章，常能設想精妙，引人入勝，加上文字暢達，常讓人不忍釋卷。

　　74年開始，台視每周定期播出《百戰天龍》影集。劇中主角馬蓋先四處冒險，他從不攜帶武器，善用他的沉著冷靜、智慧以及廣泛的物理、化學知識，將身旁一些平凡無奇的東西化腐朽為神奇，成為克敵的武器。這個影集激發我的靈感，心想馬蓋先這麼神勇，利用簡單的理化知識就能凡事逢凶化吉，其中除了戲劇效果外，他那些應用的知識有根據嗎？於是，興起仿照影集中應用日常科學知識以破案或脫險的橋段，重新編寫

　　　　　推薦序

故事，並加以解析以供學生參考的念頭，第一個想到的不二人選當然還是偉民兄。於是自80年9月開始的《青年世紀》便有了「馬蓋先出擊」，這是我們在編寫上第一次而且非常成功的合作。

由於《中國時報》對《青年世紀》中某些單元的青睞及肯定，彼此商定將某些單元文章移至《中國時報》每周刊出，其中偉民兄寫的「馬蓋先出擊」自是首選之一，因應報紙版面，除專欄名稱改為「大家來破案」外，字數也增加，專欄推出後深受喜愛。後來專欄暫停，偉民兄又接受邀約，繼續在《幼獅少年》以相同的人物發展出一系列偵探故事，也大受歡迎。而今欣見這些有趣、有益又有根據，融文學、歷史、邏輯推理與物理、化學等知識於一爐的文章要結集出版，個人自是歡迎及歡喜至極。

我們常說「教育國之本」，強調教育的重要，這是任何人都篤信的事實，但是「教育」要如何成為國之本，重點在教育

的內涵及教育的方式，前者屬於教什麼，後者則是如何教的問題。

孟子說：「教亦多術」，強調教育的方法不只一種，但不管教育的方法有多少種，其中最重要的共同點都是要吸引學生，讓學生對所教的內容有興趣，產生好奇心，確認所學的不只是應付考試，考完即丟的無用的東西，而是可以融入生活中，以備時時所需，才能發揮引人入勝的效果，提升學生學習的意願，尤其一些原本對知識沒有興趣，或者沒有信心的學生，因為教育方式的改變，終能被循循誘導，產生興趣，激發信心，這靠的就是教師「善誘」之功。

一樣的教師，一樣的師資培育，但有成功與失敗的教師，其中的分野關鍵就在教師是否具有「善誘」的功力，能將平淡乏味的教材教得生動有趣，能將學生視之如畏途的學習過程變為津津樂道的進學之旅。「傳道、授業、解惑」其實不難，只要事先多準備，人生歷練多些即可，但是要讓學生真的有「如

推薦序

坐春風」的感覺，就真的要靠教師化雨的功力了。簡單的說，教書大家都會，如何教得生動有趣，讓難懂的知識好懂易吸收，這才是功力所繫。

陳老師偉民兄本來就是一個說故事高手，是真正會教書的人，上課幽默有趣，信手拈來，左右逢源，能化生硬的科學理論為易懂難忘的知識；而其妙招之一就是將深奧難懂的內容，融於日常生活中，透過故事的引導，讓知識與生活連結，讓生活就是知識的理想實現，二者不再渺不相涉，真正做到生活知識化，知識生活化。

本書是主角中學生明雪（冰「雪」聰「明」？）的生活經歷（冒險？）。明雪應用平日所學的知識，破解生活難題及突破種種難關，不但豐富自己人生，也幫助警方破案。閱讀本書，就像看一本現代微型的「福爾摩斯」，生動有趣，巧妙結合推理邏輯及生活知識，尤其主角是學生，讀來更覺親切。看完本書有「過關斬將」、「豁然開朗」的快感，同時也學會該

懂的理化知識。對教師而言，這是一個很好的啟發教材：原來理化可以這樣教，應該這樣教。對一般學生及大眾而言，原來理化可以這麼有趣，理化可以這樣學。

而更重要的是，對偉民兄而言，他為理化教學另闢一條有趣又能學得好的蹊徑；對我則以能躬逢本書原始構想的催生為榮，以有偉民兄這樣的朋友為傲。

## 自序

# 科學家就是偵探

　　《大家來破案》是長達十年的專欄文章集結而成，對我個人而言，是將長期的工作做一個總結，當然內心也期盼能因此吸引一些孩子喜歡科學。

　　很高興在第一集出版後有一些迴響，首先感謝吳原旭老師指正其中引用的數據，幸好都能於再版及時更正。他也指出全書裡看不到弟弟明安辦案的情節，只有姊姊明雪的個人秀。我為了破除科學是男性專利的迷思，故意以姊姊明雪為主角，但也設計一個活潑好動的弟弟為配角。在專欄中，其實姊弟兩人各擅勝場。姊姊擅於推理，弟弟精於觀察。只是第一集恰好都選了以姊姊為主秀的故事，這次第二集出版，則選了幾篇以弟

弟為主的故事彌補上一集的偏頗。

第一集出版以後，我特地贈送給班上學生一人一本。後來在上課時，偶爾就會聽到學生的突然驚呼：「這就是某篇中明雪使用的原理，對不對？」那時我心中的喜悅，真是難以形容。因為這就是我寫作的初衷啊！讓孩子由故事中輕鬆學會科學原理，同時引發他們對科學的興趣。

有一回我上課時，講到電子組態，有位學生露出不可思議的表情說：「看不見的東西，也能講得頭頭是道！」是的，科學家就像偵探，面對看不見的事實真相，要仔細收集實驗數據，然後研判、推論，與其他科學家爭論、競賽，看看誰先破解事實的真相。偵探在搜捕真凶時也是如此，凶手不會輕易現身，偵探要搜尋與案情相關的蛛絲馬跡，以推理手段抽絲剝繭，破案有時間壓力，要在凶手脫逃或殺害下一名被害者之前將之逮捕歸案。科學家和偵探的工作情形如此相似，科學家就是追尋真相的偵探。

自序

到了現代，科學家就是偵探這句話，有另一層意義。因為科學家擔任了現代偵探工作中最關鍵的工作——證據的分析。傳統偵探的辦案手段現在都用不上，像戲劇裡的包公動不動就對嫌疑犯用刑，以現代眼光來看，這種刑求取來的供詞根本沒有法律效力，用刑的司法人員還要坐牢呢！而福爾摩斯的老派推理簡直是開玩笑，例如看到某人手上有繭，就說對方是水手。我也滿手是繭，不過我可不是水手，繭是拉單槓拉出來的。

旅美刑事鑑識專家李昌鈺博士，成為現代神探的代表詞，正式宣告科學家成為偵探的時代來臨。在電視影集《CSI犯罪現場》中，觸目所及的都是氣相色層分析儀、質譜儀等化學分析儀器，一部好的偵探劇也是一堂精采的化學課。

真實世界裡的偵探改由科學家擔綱，偵探小說的典範也隨之轉移。派翠西亞‧康薇爾的女法醫系列及傑佛瑞‧迪佛的神探萊姆系列（第一部即為《人骨拼圖》），都是此種科學家類

型的經典之作。

本書有些情節就一般人看來，簡直匪夷所思，像〈塵土追蹤〉透過分析輪胎上的塵土，就破解了嫌犯藏匿人質的地點，會不會太牽強？事實上，當年的西德警方即曾經以恐怖分子遺棄的座車，從輪胎上刮下塵土進行分析，因而畫出嫌犯的活動範圍；再經由其使用過的馬桶採集樣本，得知嫌犯喜歡的餐廳，順利將恐怖分子逮捕歸案。現代科學的進展使真實的案例，比小說更令人難以置信。

我的學生中也有人立志長大要當刑事專家和法醫，不過到目前為止，還沒有人實現這個夢想。對科學有興趣的同學，不妨把科學偵探的工作列入努力的目標之一，將來摘奸發伏的工作就靠你們了！

陳偉民 謹識
2009年11月

大家來破案 II

## 目録

2　推薦序
現代版的福爾摩斯與馬蓋先
／國立武陵高級中學校長 林繼生

8　自 序
科學家就是偵探／陳偉民

| | |
|---|---|
| 15 | 銀匙驗毒 |
| 33 | 塵土追蹤 |
| 49 | 針孔眼鏡 |
| 67 | 魔術墨水 |
| 89 | 尋藻 |
| 107 | 網中蜘蛛 |
| 127 | 黑心漂白 |
| 145 | 水到渠成 |
| 165 | 飛來一筆 |
| 183 | 蝠音 |
| 203 | 赤眼殺機 |

目錄

# 銀匙驗毒

　　第一堂就是家政課，烹飪教室鬧烘烘的，因為今天班上有位從美國來的新同學報到。明安把玩著手中的幾包醬料，後悔平常沒有跟媽媽多學幾招，如今只能端上一道涼麵。

　　「涼麵還需要什麼烹飪技巧嗎？」其他同學忍不住嘲笑明安。

　　「誰說不用？調配醬料才是一門大學問！」明安反擊道。

　　此時，一位清秀女孩隨著老師走進教室，班上立刻響起熱烈掌聲。接著，老師要她先自我介紹。

　　「我叫歐麗拉，爸爸是台灣人，年輕時就到美國做生意，媽媽則是美國人。因為爸爸要在台灣投資，所以我們全家決定搬回來，今後請多多指教！」歐麗拉的國語雖然有點腔調，但還算清楚，大家都聽得懂，於是又報以熱烈

的掌聲。

　　歐麗拉的頭髮烏黑亮麗，一雙碧眼似會傳情，明安馬上被她吸引住，心想：「混血兒果然長得比較漂亮！」

　　介紹完新同學後，老師大聲宣布開始烹飪。不諳廚藝的明安把麵燙熟、幾包醬料攪在一起後，迅速完成涼麵。他端著作品，走到歐麗拉面前：「你嘗一嘗，這叫作涼麵。」

　　歐麗拉驚訝的說：「哇！這麼快就煮好啦？你在家一定常煮菜，對吧？」

　　明安尷尬的點點頭，急忙轉移話題，「那你在煮什麼？」

　　「魚湯。」歐麗拉彎起嘴角，開心回答。

　　明安探頭看了看鍋子，指著裡面的湯匙大呼：「這根湯匙好漂亮！」

　　歐麗拉笑說：「那是銀湯匙，我聽說今天要上烹飪課，就把它找出來。這是外婆教我的，她說煮魚湯時要在鍋裡放一根銀湯匙，如果變黑的話，就代表魚有毒。」

　　明安聽了大感興趣，「真奇妙！台灣的歌仔戲和武俠片也有類似情節，主角常會把銀製髮簪放入食物中檢驗，如果髮簪變黑就表示有毒。」

　　歐麗拉一聽，趕快從書包裡拿出筆記本、仔細記下明安的話，高興的說：「好有趣喔！以後再多講一些台灣的事情給我聽，好嗎？我雖然會說中文，但對這裡的風俗信仰完全不了解。」

　　聽到心儀的女生如此央求自己，明安當然是點頭如搗蒜啦！

　　放學後，明安飄飄然的回到家，說起班上轉來一位新同學，而且把煮魚要放銀湯匙的事情也描述了一次。

明雪嗤之以鼻，「拜託！無論銀簪還是銀湯匙都不能檢驗出毒性，那是無稽之談！」

　　明安不服氣的反擊：「歌仔戲都這麼演，美國也有類似說法，憑你一個人，就可以把其他人的看法都推翻嗎？」

　　明雪氣得從椅子上站起來，「你……」

　　媽媽眼見兩人又吵起來，急忙當和事佬，「好啦，別吵了！這個星期天爸爸說要帶大家上陽明山健行和吃土雞，再吵的人就不讓他去！」

　　明安聞言，馬上笑嘻嘻的說：「那我可不可以邀請歐麗拉一起去？」

　　明雪哼了聲：「原來想泡妞啊！」

　　明安急忙為自己辯白：「才不是呢！歐麗拉剛從國外返台，我們本來就應該多介紹這裡的風土民情讓她認識

啊！」

　　媽媽思索片刻：「明安說得有理，你就邀請她和家人一起去吧！明雪，你不准再胡說了！」

　　眼看老媽已發出警告，調皮的明雪只得噤聲。

　　　　■　　　　■　　　　■

　　到了星期天，爸爸開車載著一家人，先到歐麗拉家會合。

　　面對明安全家的熱情，歐爸爸一再道謝：「我這趟回國主要是想蓋大飯店，到現在都沒空陪麗拉。今天早上我還有個案子要簽約，麻煩你們先帶她到山上走走，我等會兒趕過去和你們一起吃中飯。」

　　爸爸把用餐的地址告訴歐爸爸，沒想到歐爸爸卻神祕兮兮的壓低聲音說：「這筆生意的利潤很高，得罪了想分一杯羹的黑道分子，對方曾放話要對我的家人不利……，

要麻煩你一路上多注意麗拉的安全？」

　　爸爸說：「有這回事？嗯，我們會提高警覺的！」

　　聽到這句承諾，歐爸爸這才放心的轉過身去，對歐麗拉交代一些該注意的事項。

　　車子剛上陽明山，爸爸就開進遊客中心停車場。

　　媽媽不解的問：「為什麼開進這裡？」

　　爸爸不好意思的說：「我不確定到二子坪要走哪條路，所以來看一下地圖。」

　　媽媽笑了笑：「我知道路啦！等一下左轉百拉卡公路就到了。」

　　爸爸搔搔頭，又把車開出遊客中心。

　　此時，明安喃喃自語：「好奇怪喔！後面那輛汽車怎麼也跟著一起開進遊客中心，沒有停車又匆匆忙忙出來？」

　　耳尖的明雪立刻吐槽老弟：「你們男生很無聊耶！到了郊外不欣賞風景，竟然注意起汽車！」

　　明安不甘示弱的反駁：「這款車性能不錯，香檳金的顏色也很好看，你懂什麼？」

　　爸爸笑著說：「你們兩個不要鬥嘴了，也許後面的人跟我們一樣，不熟悉這附近的道路吧！」

　　到了二子坪步道入口，他們停好車後，就開始健行。來回約一個小時的路程加上沿途不時停留拍照，上車時，明安就嚷著肚子餓。

　　「我們現在就到附近的土雞城用餐囉！」爸爸發動車子，繞過一輛香檳金色的汽車，駛出停車場。

　　這家土雞城環境尚稱清幽，一排排木屋與廚房隔著頗大的庭院，每桌客人都坐在各自的木屋裡吃飯、聊天。

　　女服務生送上菜單後，爸爸點了一鍋燒酒雞和幾道青

菜，並叮嚀她：「稍後還有位朋友會來，請幫我們多準備一副碗筷。」

她點點頭，把菜單收回之後，就退了下去。

媽媽轉頭對明雪說：「你看，這家土雞城的女服務生制服很漂亮喔！棕色短裙，外罩一件白色圍裙，很可愛呢！」明雪也附和道：「對啊！我還注意到男生的制服是棕色襯衫、棕色長褲，側面鑲著一條黃色的邊，也很帥氣！」

明安逮到機會，挖苦起明雪：「你們女生整天注意別人的服裝，無不無聊啊？」明雪氣得狠狠瞪了明安一眼。

邊聽兩人鬥嘴，歐麗拉邊從背包裡拿出銀湯匙：「爸爸教我要處處小心，帶這根湯匙來就不怕被下毒了！」

明雪剛要糾正這個不正確的觀念，沒想到歐麗拉開始尖叫起來：「哇！湯匙變黑了！這裡的空氣有毒，快

跑！」

大家探頭一看，只見銀湯匙的確出現許多黑色小斑點。

明雪拉住驚慌的麗拉，慢慢解釋：「銀簪或銀湯匙都不能用來檢驗毒藥啦！陽明山位於火山地區，空氣中含有硫化氫的成分，與銀反應合成黑色硫化銀，湯匙當然會變黑，跟毒藥一點關係也沒有——這是我們化學老師上課時說的。」

歐麗拉看著明雪滿臉肯定的表情，這才安心回座。此時，一位黑衣黑褲的男服務生端來燒酒雞，明雪抬頭瞧了他一眼。服務生把鍋子放在桌上的瓦斯爐並點燃後，就退出小木屋。

鍋子外緣有幾滴溢出來的湯汁，滴落在爐火上，冒出一陣大蒜味。明雪驀地站起來，用手抓著勺子，在湯裡不

停翻攪。

明安按捺不住，伸手搶她手中的勺子，口中還大喊：「我要先吃！」明雪把他推回椅子上，斥喝道：「誰都不准吃！這鍋燒酒雞被下毒了！」

一聽到有人下毒，膽小的歐麗拉嚇得臉色發白。明雪則機警的說：「端湯進來的服務生有問題。」

爸爸聞言，趕緊衝出小木屋找人。剛才幫他們點菜的女服務生正好端了一盤餐點走過來，爸爸就問她：「剛才端燒酒雞進來的人呢？」

女服務生丈二金剛摸不著頭緒：「那不是你們的朋友嗎？我剛從廚房端出燒酒雞，走到庭院，就有一個人自稱是你們朋友，說小孩子餓了，要我快去端其他飯菜，燒酒雞他幫我拿進來。」

這時候，歐爸爸剛好趕到。爸爸拉著他，詢問服務

銀匙驗毒

生：「你說的朋友是他嗎？」她搖搖頭，「不，是個穿黑衣的年輕人。」

接著，兩家人和土雞城的工作人員合力把附近搜了一遍，都沒找到那個黑衣男子，只好向警方報案。

當地員警抵達之後，對明雪的話半信半疑，刑事組長更質疑她：「你怎麼知道燒酒雞被下了毒？」

明雪說：「第一個讓我覺得不對勁的疑點是，這家土雞城的服務生制服是棕色的，怎麼會有人穿著黑衣呢？」

刑事組長皺著眉頭說：「的確是有些不合理⋯⋯」明雪繼續解釋，「我在書上讀過，砒霜的成分是三氧化二砷，能溶於水和酒精中。自古以來，害人的毒酒往往是用砒霜配製而成，它的特性之一就是受熱會冒煙並散發大蒜味。當燒酒雞的湯汁滴在爐火上、發出大蒜味時，我立刻翻攪整鍋湯，想查看廚師是否加了大蒜，結果並沒有找

到……」

明安不好意思的說：「對不起，我當時還以為你要搶著先吃……」

明雪回頭瞪了他一眼，「我才沒那麼貪吃呢！總之，綜合這些疑點，讓我懷疑鍋中被下了毒！歹徒可能是從服務生手裡接過燒酒雞後，偷偷把砒霜倒入鍋中，再端進小木屋。」

「我們會把這鍋燒酒雞送去化驗。」刑事組長低頭沉思片刻，接著問：「你們一路上有發現什麼可疑的人嗎？」

明雪回答：「有輛香檳金色的汽車跟蹤我們。」

歐爸爸恍然大悟，「香檳金色？我剛剛在前面山路差點和它相撞，早知道那是歹徒的車，我就……」

刑事組長急忙追問：「那你有記下他的車號嗎？」

　　歐爸爸不好意思的搖搖頭，「但我懷疑是和我競標的黑道分子林任，指使手下幹的。」

　　明雪此時突然冒出一句：「在二子坪停車場發現這輛車又跟著我們時，我就記下它的車牌了。」

　　眾人頓時將崇拜的目光投向明雪，為她的機警敬佩不已，刑事組長始終嚴肅的臉上，更浮現一抹難得的笑意。

　　過了幾天，明雪家裡接獲警局電話，通知他們化驗結果：燒酒雞中果然有砒霜成分；而明雪提供的車號正是屬於林任手下所有，但小嘍囉不承認有人指使，警方只能先將他逮捕，再詳細調查林任是否涉案。

　　明安聽完爸爸轉述的內容後，感慨的說：「噢！幕後主使的歹徒還沒落網，歐麗拉的生命仍然受到威脅，我一定要好好保護她！」

　　明雪忍不住嗆他：「哼！那天要不是我制止，第一個

中毒的人就是你！還想保護麗拉？」

　　明安不甘示弱，「要不是我先發現那輛車很可疑，你會提高警覺嗎？」

　　聽見姊弟倆又吵起嘴來，爸爸媽媽對望一眼，卻只能苦笑著搖搖頭……

## 科學小百科

　　和媽媽逛街時，是不是常聽賣飾品的店員提醒：泡溫泉時記得要將身上配戴的銀飾品拿下來，不然就會變成「黑飾」？你是否想過其中道理？原來，火山地區因為含有硫化氫氣體，易與銀產生反應，形成黑色斑點（硫化銀，$Ag_2S$），所以店員才會說要讓銀飾品遠離溫泉！銀的元素符號為：$Ag$，它與硫化氫氣體的反應方程式則是：$4Ag + 2H_2S + O_2 \rightarrow 2Ag_2S + 2H_2O$。現在，你理解其中的奧祕了嗎？

銀匙驗毒

# 塵土追蹤

　　明天早上明安要參加學校舉辦的郊遊，到台北縣土城近郊登山健行。依照常理，今晚應該會興高采烈去採購零食才對，可是他回到家時卻愁眉苦臉。

　　「怎麼啦？」媽媽不解的問。

　　明安從書包裡抽出一張學習單，憤憤不平的說：「都是地理老師害的啦！他說出去玩也是學習，所以發了這張單子，要大家在旅遊前蒐集資料，並沿途用心觀察記錄，隔天還要交作業。早知道玩得這麼痛苦，乾脆不要出去！」

　　明雪在一旁幸災樂禍的說：「誰說是出去玩？看看你們學校發的通知吧！上面明明就是『校外教學』，既然是教學，當然要寫作業囉！」

　　媽媽接過去看了一下，上面密密麻麻寫著一堆問題，要學生記錄郊旅當地的地質與地形景觀，不禁搖頭、咋

舌，「這麼難？姊姊你幫他找一些資料，我要去打包行李囉！」

明安這才想起，爸媽早就計畫好從明天起要到綠島旅行三天。

明雪嘟著嘴，接過學習單，「玩、玩、玩！大家都出去玩，只有我最苦命，不但沒得玩，還要幫忙寫作業！」瀏覽完單子上的問題後，覺得沒那麼難，便走到書架前，抽出一本書，交給明安。「喂！你要的答案，這本書上都有。」

明安接過來一看，書名是《北部地質之旅》，再細看目錄，原來是一本地形考察指引。書中挑了北部數個景點，如濱海公路、陽明山及新竹關西地區等，詳細介紹各地的地形、地質、岩石種類等。

明安皺著眉頭，把書放下說：「太難了！」

明雪怒罵道：「是你的作業耶！自己不寫，難道等我幫你寫？」說完，便扭頭回房間，不理明安了！

■　　　■　　　■

第二天清早，爸媽出門後，明安也高高興興跟著老師和同學去郊遊。

他們的遊覽車直接開到土城的山上，大約早上九點，車子在一間廢棄的遊樂場前停好，然後同學們就下車整隊，由老師帶著穿越攤販區，經過一間莊嚴肅穆的寺廟，來到登山口開始活動。

登山小徑蜿蜒曲折，十分狹窄，百轉千折直達山頂涼亭。小徑兩旁植滿大樹，濃密樹蔭遮蔽了陽光，所以並不覺得熱。明安故意放慢腳步，陪著落後的歐麗拉。兩人互相交換零食和飲料，有說有笑，跟著隊伍開心的向山上緩慢前進。

約走了半小時，歐麗拉突然悄悄的對明安說：「糟糕！剛剛飲料喝太多了，現在想上廁所，怎麼辦？」

　　明安抬頭看到前方是個分岔路口，路標顯示還要繼續往前走兩公里才到涼亭，左側有條捷徑可以回到廟宇，只有五百公尺的距離，便高興的說：「我們可以從左側捷徑走下去，到廟裡借用廁所。」

　　兩人交代走在前面的同學，若老師問起，就說他們到廟裡上廁所，稍後會趕上隊伍，便脫隊沿著捷徑向下走。這條路沒有別的登山客，只有一名黑衣中年胖子一路跟在後頭，不停用手機講話。明安與歐麗拉自認走得太慢擋到路，想讓他先走，但他堅持要走在後面。由於坡度很陡，兩人慢慢走，大約花了半小時，終於看到寺廟的後牆，卻突然發現前方一名黑衣瘦子攔在路中央。

　　歐麗拉客氣的說：「先生，請借過。」

　　　　塵土追蹤

　　瘦子不但不讓路，反而尖聲怪笑：「你要到哪裡去？我們老大在車上可是等得不耐煩了！」邊說邊伸手去抓歐麗拉。明安發覺不對勁，急忙衝向前要救她，但走在後面的胖子突然跑過來，朝著明安的後腦勺猛然揮出一拳，明安只覺得頭很痛，就暈了過去，昏迷前還聽到麗拉的尖叫聲。

　　　　　　■　　　　　■　　　　　■

　　「明安！明安！醒醒！」明安在劇烈的搖晃中醒來，發現老師抱著自己，正拚命叫喊及晃動，想把他叫醒。

　　「老師，麗拉她……」明安虛弱的說。

　　「麗拉到哪裡去了？」老師著急的問。

　　「她……被壞人抓走了！」

　　原來是路人發現暈倒的明安躺在廟旁角落，看到他運動服上繡的校名，趕緊請廟中住持通知校方。學校主任立

即以手機聯絡明安班導，驚慌的老師聞訊後，將班上學生委由別班老師照顧，便急忙趕下山尋找。找到明安後，他先將明安送到醫院急診，並打電話報警，接著通知歐爸爸和明安家人。但明安家沒人接電話，父母手機也沒開，只好改打明雪手機。

　　明雪剛上完兩堂數學課，發現手機在震動，以為是爸媽打來，結果是明安的老師。一聽弟弟受傷，她急得不得了！雖然平常愛跟他鬥嘴，但兩人感情其實好得很，聽到明安被打，她心疼極了！爸媽正好不在，她連忙向老師請假趕到醫院。明安的後腦腫了個包，幸好檢查結果只是表皮瘀血，腦部並未受損。

　　警官李雄已仔細聽完明安描述，歐爸爸趕到醫院後，也向警方陳述自己因買地糾紛，得罪了黑道分子林任。明雪也說明上個月在陽明山遭到下毒的事件，經查證後確與

林任手下的小嘍囉有關。

李雄果決的說：「救人要緊，我立刻向檢察官申請搜索票，到林任家找人。」

歐爸爸載著明雪，跟在警車後面。一行人到達林任家時，已經將近下午一點。林家是位於台北市北投區的一棟二樓別墅，一樓左側是傭人房，右側挑空作為花園及停車格，裡面停著林任的豪華轎車。傭人房有一道樓梯通往二樓，明雪站在門外都聽得到二樓的電視正大聲播報著女童遭綁架的新聞。外籍女傭看到大批員警，嚇得手足無措，正遲疑該不該開門，林任卻優閒的剔著牙從樓梯走下來，命令女傭開門。

林任對大批員警包圍他家顯得一點也不緊張，反而對站在門口的歐爸爸露出邪惡笑容。「真不幸呀！看到電視上播出令嬡被綁架的消息，我真替你惋惜！賺了那麼多

錢，如果不能照顧好家人，又有什麼用呢？」

李雄出示搜索令後，大批員警就在整棟別墅展開徹底搜查。明雪不能進屋，只能隔著柵欄觀察那輛豪華轎車，車子雖然氣派，但上面有一層塵土，明雪從柵欄的縫隙伸手進去摸了一下引擎蓋，熱熱的。

外籍女傭急忙出聲制止明雪摸車。「拜託你不要亂摸！老闆交代我負責車子的整潔，我每天早上都要刷洗清理這輛車，如果被摸髒了，老闆會罵我。」搜查的員警在別墅內並未找到麗拉的蹤影，也沒有發現任何可疑的物品，李雄無奈的指示收隊，大批員警垂頭喪氣的走下樓梯。

這時明雪湊到李雄耳際，輕聲的說：「剛才這一家的外傭說她每天早上要洗車，可是車子上布滿塵土，而且引擎蓋還是熱的，這輛車可能剛剛跑過長途，請鑑識人員蒐

證，或許有幫助喔！」

李雄對明雪的觀察力一向很有信心，立刻請鑑識人員張倩在這輛車上採證。

張倩的化學和生物知識淵博，一直是明雪的偶像，也因為張倩的影響，使明雪立志將來要當一名刑事鑑識專家。因此，她聚精會神的觀看張倩如何進行蒐證。

張倩戴上口罩和橡皮手套，先用毛筆把車子外表的灰塵刷進一根試管中，再用刮勺在輪胎後面的擋泥板上刮下一層泥土，放進另一根試管中。

接著，張倩打開車門，在後座仔細尋找，不久用鑷子夾起一根纖維，抬頭問歐爸爸說：「麗拉今天穿粉紅色的衣服出門嗎？」

歐爸爸興奮的說：「對！你怎麼知道？」

「因為在後座找到一根粉紅色的纖維。」

林任聽到，臉色大變，但他仍強悍的說：「一根纖維能證明什麼？我太太也有很多件粉紅色的衣服。」

　　張倩笑著說：「請你提供她的粉紅色衣服讓我取證，只要化驗就能知道是不是同一件衣服的纖維了。」

　　李雄補充說明：「憑這根可疑的纖維，我就可以把你押回警局慢慢偵訊。」

　　「假如……我是說假如……」林任又露出邪惡的笑容，對著歐爸爸說：「假如令嬡真的是被我抓走的，現在我又被你們押起來，萬一我的兄弟一氣之下，對令嬡不利，怎麼辦？」

　　李雄從沒見過這麼囂張的嫌犯，敢當著警察的面威脅家屬，立刻下令把林任帶回警局偵訊。

　　明雪跟著張倩的車回到實驗室，急著想知道化驗的結果。

　　　　　塵土追蹤

大家來破案 II

　　經過仔細的檢驗，張倩告訴明雪：「車上的纖維不屬於林太太的衣服，不過還是擋泥板最上層的塵土比較有趣，經過化驗，這些塵土含有大量白砂岩碎屑，其中石英占92％，氧化鋁占4％，氧化鐵占0.3％，這種成分的砂子叫玻璃砂，稍加提煉就可以製作玻璃了。」

　　明雪歪著頭，想了又想。「白砂岩……玻璃……」忽然，她跳了起來，「我知道了，在我拿給明安的那本《北部地質之旅》上，就記載著白砂岩主要分布在桃園、新竹、苗栗一帶，也因為這個緣故，台灣的玻璃工業以新竹最發達。擋泥板最上層的塵土有玻璃砂，顯示這輛車剛跑過這一帶。再以車程來估計，麗拉大約早上十點被抓，我們下午將近一點趕到林任家時，林任的座車引擎還是熱的，前後相差三個小時。若以土城到新竹再回到北投，全程約150公里，再加上一點處理人質的時間，三個小時還

滿合理的。」

張倩深覺有理，連忙把這項猜測通知李雄。

李雄由林任口中問不出任何資料，而且林任請來的律師揚言要控告他妨礙自由，李雄為此正頭痛不已，接到張倩的電話，連忙改變調查方向，由林任名下的不動產查起，果然發現他在新竹縣寶山鄉擁有一座倉庫，急忙通知當地警方前去查看。

當天傍晚，荷槍實彈的警察衝進倉庫時，現場看守人質的胖子和瘦子——也就是早上動手綁架麗拉的兩人——立刻束手就擒，並供出是由林任指使進行綁架，也是他親自開車把人質送到新竹來拘禁。因為上次派小嘍囉下毒沒有成功，所以這次他親自出馬，率領兩名手下跟蹤麗拉，終於找到遠離人群的最佳下手機會，而且依計畫把人質藏到別的縣市，以為警方不可能找得到人。沒想到在囚禁人

塵土追蹤

質的倉庫前，有一小段泥土路，一點點塵土濺在汽車的擋泥板上，使警方迅速救出人質並破案。

　　麗拉經過一整天的驚嚇，顯得蒼白而虛弱，幸好毫髮無傷。明安因救她而受傷，使她心存感激，兩人交情比以前更好了。爸媽旅行回來，了解整個事件的經過後，直說是土城那間廟宇的菩薩保佑，還特地上山燒香拜拜。明雪沒想到地質知識也可以救人，立志今後要更廣泛涉獵各方面的學問，好讓自己更加傑出！

# 科學小百科

　　台灣製造玻璃原料除了竹、苗盛產的白砂岩外，含石英量高的海灘砂和砂丘砂也可以當成原料，其著名產區亦在竹、苗沿海（如苗栗縣白沙屯海岸），故新竹得地利之便，成為台灣玻璃重鎮。砂原料必須送至洗砂廠洗選、去雜質，目的在於提高石英（$SiO_2$）與減低氧化鐵成分（$Fe_2O_3$）。製作平板玻璃用的精砂，所含石英要高於96.5％，氧化鐵降低至0.09％以下；製作高級水晶玻璃等特級砂，所含石英甚至高達99.5％以上，氧化鐵則須低於0.022％。

# 針孔眼鏡

　　歐爸爸投資的大飯店即將舉辦開幕酒會，他覺得飯店大廳應該擺設一些美麗的花卉、盆栽，才能吸引顧客上門。他知道南投埔里有很多苗圃，打算利用這個星期日到那裡採購。因為麗拉的學校利用星期六舉辦校慶園遊會，星期一可以補假一天，所以要求跟著爸爸到埔里玩，還邀了明安和黃璇兩位好友同行。

　　歐爸爸要小朋友們上網找資料，在哪裡住宿、到何處遊玩全由三人規畫，他只負責開車，不過得空出半天時間讓他採購花卉。麗拉看上某家農場兼營的民宿，因為對方在網頁上貼出的照片非常漂亮，三人一陣討論後就打電話過去預約。

　　星期天一大早他們就出發了，因為假日車多，大約下午三點才抵達埔里。他們按地址直奔農場，沒想到從大馬路向左拐進一條小路後，又開了將近一公里，仍然沒找到

民宿。路旁大多為苗圃，沒看到任何人，開到道路盡頭，車子還差點掉進小溪中！歐爸爸不禁埋怨小朋友們不懂事，怎麼會預約這麼偏僻的地方？

「我看它的地址只寫某路某號，以為就在大馬路旁，誰知道這麼偏僻？」麗拉嘟著嘴回答。

因為路太窄，無法迴轉，歐爸爸只好倒車開了幾公尺，沒想到這時無意間發現民宿招牌！原來剛才匆匆趕路，沒仔細看所以錯過了，歐爸爸把方向盤往右一打，開進農場大門。

農舍裡走出一位婦人，戴著厚重眼鏡，看來近視度數頗深。她指揮歐爸爸把車停進農場大門邊的車庫，接著上前要幫他們提行李。小朋友堅持自己來即可，但婦人仍熱心的搶了歐爸爸的行李，幫他提進屋裡——歐爸爸因為要鎖車門，只好由她提走。

　　　　針孔眼鏡

　　這是一棟兩層樓的農舍，一樓是屋主自己住，二樓則開放為民宿。婦人是農場的老闆娘，老闆原本坐在一樓客廳，看到她提著行李，趕緊過來接手。寒暄幾句後，就把行李提到二樓房裡，接著他就出門去忙了。麗拉總共預約兩間房，歐爸爸和明安住一間，她和黃璇住另一間。

　　安頓好行李後，大夥步下樓來。一打開農舍大門，哇！真是花團錦簇，彷如置身一座漂亮的花園裡。農舍前有片美麗草地，老闆娘正在工作。大家一走近，發現她正在曬洛神花。歐爸爸驚訝的環顧四周——農場裡的確種了許多洛神花。

　　他不禁讚歎：「哇！酒紅色的花萼！我喝了那麼多年的洛神花茶，還是第一次看到植株呢！」

　　老闆娘邊工作邊笑著回答，「喜歡的話，明天讓你們帶一些回去泡！」

歐爸爸開心的向她道謝。再往前走，他們一行四人更驚訝了──農場裡竟然飼養著黑天鵝、鴛鴦、雉雞、黑豬……簡直就像一座迷你動物園！這時，在園裡工作的老先生遠遠指示他們，把桶子裡的魚飼料撒進戶外水池中。

　　黃璇滿腹疑問的拿起勺子，「用這麼大的勺子？在台北，一小包魚飼料就要十元耶……」沒想到待飼料撒進水裡，「啪！啪！」一群群肥大的黑魚竄上水面爭食，還不時濺起水花，其中最大的約有五、六十公分長，小朋友們樂不可支，爭相餵食。

　　接著他們逛了農場一圈，發現裡面種植各色花卉，美不勝收。麗拉詢問：「爸爸，你還要到別的苗圃買花嗎？」

　　歐爸爸笑了笑，趨前問老闆娘，「你們這些花賣不賣？」

　　　　　　針孔眼鏡

「賣啊！」她拿出名片，發給每人一張，上面寫著經營項目包含了民宿、花卉及香草植物買賣。

歐爸爸高興的說：「本來到你們這裡只是住宿一晚，真正目的是要到附近苗圃採購花卉，但現在我決定向你買花！這些花不但種得好，我還跟你們學習到將來經營大飯店的訣竅——讓客人驚喜不斷，覺得物超所值！」

婦人高興的找來老闆，歐爸爸和他議定好花卉的價錢及數量後，轉頭對小朋友們說：「沒想到生意這麼快就談妥，接下來的時間，我們可以盡情遊玩了。現在先去吃晚餐吧！」

小朋友們聞言，高興的發出歡呼聲。他們到鎮上吃了一頓豐盛的火鍋大餐，用完餐後，天色已暗，通往農場的道路一片漆黑；幸好白天歐爸爸開過一趟，所以順利返回農場。

他剛把車停進車庫並且熄火，一名蒙面男子突然衝進來，持槍對著他們。明安這才發現，農場老闆被另一名蒙面歹徒用槍挾持著，站在車庫外，老闆娘則於一旁低頭啜泣。大概是因為經過與歹徒扭打，她的肩部關節受傷，無法將雙手扳到背後，歹徒只得將她的手綁在身前。她吃力的用衣袖擦拭淚水，厚重的眼鏡掉在腳旁，鏡片也被踩碎了。

歐爸爸和小朋友們被眼前景象嚇呆了──農場遇上搶匪！但在這麼偏僻的地方，要怎麼求救呢？歹徒揮手命令他們下車，每個人隨即被布蒙上眼睛，雙手也被反綁。

「老大，現在怎麼辦？」其中一名歹徒問道。

對方沉思片刻，「我帶老闆到屋裡拿錢，你把其他人身上的手機全都沒收，仔細看守，別讓他們輕舉妄動！」

「那個老太婆要不要也蒙上眼睛？」小嘍囉提議。

　　　　針孔眼鏡

大家<sup></sup>來破案 II

　　老大輕蔑的說：「不用了，她近視那麼深，沒眼鏡就跟瞎子沒兩樣！」

　　這時，老闆苦苦哀求，「我們真的沒有什麼錢啊！」

　　「騙誰呀？你農場面積這麼大，民宿和苗圃的生意這麼好；說你沒錢，鬼才相信！」老大粗聲回罵。

　　老闆顫抖的聲音再度響起，「但我家裡確實沒有多少現金……」

　　帶頭的歹徒冷哼一聲，「沒有現金，珠寶、骨董都行！如果真的沒有，我就把你們扣到天亮，再押到銀行領錢！」

　　接著，老闆娘被狠狠推進車庫裡，和其他人一起坐在地上。麗拉和黃璇都被嚇哭了。

　　負責看守的小嘍囉不耐煩的說：「閉嘴啦，吵死了！我們老大只是要搶劫農場，不想把旅客扯進來，所以才挑

- 56 -

星期天晚上動手。照理說，這是民宿生意最冷清的時候，誰教你們倒楣，自己闖進來！」

歐爸爸不停安慰著麗拉和黃璇，明安則不發一語，雙手在地上摸索。

約一個小時後，老大的聲音再度出現，他對手下說，「搜不到多少錢，但找到這本存摺，裡頭存款可不少……哼，等天亮再押老頭子到銀行領現！」

接著又是漫長的等待。雖然眼睛被蒙住，明安仍能感覺到周圍的光線變強——應該是天亮了！經過一段漫長時間，眾人的肚子已餓得咕嚕叫，這時他們再度聽到老大的聲音，「喂！快九點了，銀行快開門啦！我先押老頭子到大門口，你負責從外面鎖車庫門，再將車子開過來，帶我們到鎮上領錢……嘿嘿，只消幾分鐘，我們就可以拿著一大筆錢，逃之夭夭了！」

　　接著他又對老闆娘說：「別擔心，等我們領到錢，平安抵達台中，就會放你先生回來！」

　　一陣雜沓的腳步聲後，扯動鐵鏈的刺耳聲音緊跟著響起——大概是歹徒怕他們脫逃，在門外多繞上幾道鐵鏈。

　　聽到歹徒的腳步聲漸漸遠去，歐爸爸低聲喊著：「快點，我們背靠背，互相解開繩子！」

　　明安則機警發問，「老闆娘，你被挾持前有看清歹徒的車號嗎？」

　　「沒、沒有……我當時正在廚房洗碗，聽到汽車駛進農場的聲音，還以為是你們吃完飯回來，沒有特別注意。不久，歹徒就衝進來抓住我……」婦人或許是擔心先生安危，聲音顫抖得很厲害。

　　這時，歹徒發動引擎的聲音傳來，明安急忙大喊：「老闆娘，車子經過車庫的剎那，你一定要看清楚歹徒的

車號，這樣才能救出老闆！」

　　老闆娘回答，「我沒眼鏡，什麼都看不到啦！我雙手綁在前面，比較方便移動，我幫你們解開繩索，你們去看……」

　　明安急忙打斷她的話，「等你解開繩子，歹徒早已跑遠！快，我手上有張名片，你拿去貼在眼睛上，透過門縫向外看！」

　　由於老闆娘是唯一沒被蒙眼的人，而且雙手綁在身前，仍能自由走動。她跑到明安背後，拿走他手上的名片──上面有數個針孔。她半信半疑的跑到車庫門口，把名片上的針孔對準瞳孔，透過門縫往外觀看。歹徒的車正好駛過車庫，右轉後開出農場大門──車牌號碼雖然模糊，但仍能辨識！

　　她高興的大喊：「我看到了！車號是261……」

　　這時，歐爸爸已解開麗拉的繩子，她拿下眼罩後，趕緊幫每個人鬆綁。接著，歐爸爸用力搖晃車庫大門，但完全無濟於事。

　　明安提醒他：「歐爸爸，我昨天曾看你在車上接過一通電話，那應該是汽車配的無線電話吧？我們不必急著逃出車庫，快用電話報警吧！」

　　歐爸爸如夢初醒，趕緊發動汽車，用電話向警方報案，並告知歹徒車號。

　　三十分鐘後，一輛警車鳴笛開進農場，警察費了九牛二虎之力才破壞門上鐵鏈，救出他們。老闆娘仍然擔心先生安危，抓著警員哀求，「拜託，趕快救我先生！」

　　警員好言安撫，「剛剛我的同事已趕到銀行查看，但行員說你先生已由兩個朋友陪同，領錢離開了。不過別擔心，埔里是座山城，我們已在所有聯外道路布下崗哨。既

然知道車號，歹徒絕對逃不了！」

這時，他腰間的無線電對講機響起：「歹徒已在台十四線落網，人質平安。」

雖然對講機聲音伴隨著嘈雜的噪音，但對老闆娘來說，這是全世界最悅耳的聲音！

■　　　■　　　■

當天下午，明安一行人準備離開埔里返回台北。

老闆娘依依不捨的拉著明安的手，「少年仔，你怎麼那麼聰明？知道在名片上刺幾個孔，就可以讓我這個『大近視』看清楚遠處的東西！」

明安靦覥的說：「沒什麼啦！曾有一位親戚知道我和姊姊兩人愛看書，就送了一副號稱可以預防近視的雷射針孔眼鏡──其實只是在塑膠板上刺幾個小孔。但是很神奇唷！戴上這副眼鏡後，無論近視、遠視、老花，統統可以

　　　針孔眼鏡

看清楚遠處的東西！不過當時爸爸就告訴我們那是騙人的。你只要隨便在硬紙板上刺幾個孔，都有相同效果——那是針孔成像的原理，與預防近視無關！」

他不好意思的笑了笑，繼續說道，「昨晚，當我雙手被綁，坐在地上時，因為被歹徒監視，不敢輕舉妄動。百無聊賴中，摸到地上有一枚掉落的迴紋針，霎時間想到可以幫老闆娘看清楚遠處的東西，所以就從口袋中找出你發給我的名片，在上面扎了幾個洞……沒想到真的可以派上用場！」

「謝謝你們救了我！那些訂購的花都免費啦，以後有需要隨時到埔里來，統統不用錢！」脫離險境的老闆也大方示意。

麗拉大聲歡呼：「以後爸爸來，我也要跟著來！你們的農場好漂亮喔！」

黃璇和明安也同聲附和，「我們也要跟……」

　　歐爸爸笑著點頭，「時候不早了，我們該出發囉！」

　　「別忘了帶走我親手曬的洛神花唷！」老闆娘邊揚聲說道，邊送上已準備好的罐子。

　　剛歷經生死一瞬間的六人，感受這風平浪靜的優閒時刻，不禁相視而笑……

　　　　　針孔眼鏡

大家來破案 II

## 科學小百科

　　「針孔成像」的原理是指，光線於物體上的每一點發出，沿著直線前進，透過針孔（或類似裝置）會在另一端生成上下左右相反的影像（近似「三角形原理」）。如果孔徑太大，投射的光線過多，影像就會模糊；反之，孔徑太小也會影響清晰度。早期的針孔照相機即利用此原理，讓光線穿透一個小孔，在暗箱形成外部景物的倒像。愛動腦的你，趕快試一下喔！

針孔眼鏡

# 魔術墨水

　　明安的學校每周有一天是便服日，男同學大多隨便穿，女生就不同了，個個挖空心思打扮得漂漂亮亮；像歐麗拉就穿了一套潔白衣裙到學校，和白皙皮膚相得益彰，甚至有同學叫她「白雪公主」。

　　下課時，女同學三三兩兩討論衣著，平時最愛調皮搗蛋、惡意戲弄他人的林大顯突然走到麗拉身邊，將一瓶藍墨水往她身上潑去！白衣立刻留下大片藍色墨跡，在旁聊天的同學全被大顯的行為嚇呆了！

　　麗拉回過神來，低頭察看衣服上的墨跡，不禁難過得放聲大哭。

　　明安眼見如此可惡的行逕，不禁高聲斥責：「喂！你怎麼可以這樣？太過分了！」

　　沒想到大顯笑嘻嘻的說：「開個玩笑嘛！」

　　麗拉邊掉眼淚邊生氣的說：「這是媽媽送給我的生日

禮物，我一直很寶貝它。現在衣服毀了，你怎麼賠？這能隨便開玩笑嗎？」

大顯仍是嘻皮笑臉，「別生氣嘛！你再看看衣服。」

麗拉低頭一看，發現藍色墨跡好像淡了一些；幾分鐘後竟完全消失，衣服潔白如昔。

同學們搞不清楚這是怎麼回事，要大顯解釋墨跡怎麼會消失。

「這是一種整人玩具，叫作魔術墨水啦！雖然剛使用時顏色很深，但不消幾分鐘，痕跡就會自動消失。」大顯看同學被他唬得一愣一愣的，臉上帶著幾分得意，「好了啦！麗拉。你瞧，衣服不是恢復白色了嗎？別再哭啦！」

因為衣服看來毫無損傷，麗拉便停止哭泣，但餘怒未消，不跟大顯說話就扭頭回到座位。大顯急忙跟在旁邊賠罪，但一切都太遲了，因為麗拉放聲大哭時，已有同學跑

　　魔術墨水

去報告導師，導師聞訊趕來教室。

「大顯，聽說你把麗拉氣哭了，這是怎麼回事？」

大顯沒料到會驚動老師，不敢再嘻皮笑臉，一五一十的報告事情經過，並為自己辯解。「跟她開開玩笑而已，況且衣服不是恢復白色了嗎？是她沒幽默感又愛哭，怎能怪我？」

老師臉色一沉，出言斥責，「開玩笑也要顧及別人的感受；把人逗笑才叫幽默，惹惱別人就是不知分寸的惡作劇！再說魔術墨水的成分是化學藥劑，即使顏色消失無蹤，成分仍殘留在衣服上。你要展現它的效果理應潑在紙上，潑到衣服極可能滲進皮膚，這樣的作法實在荒謬！快向麗拉道歉！」

因為導師是自然科老師，所以熟知魔術墨水的把戲；自知理虧的大顯向麗拉深深一鞠躬，說聲：「對不起。」

看到大顯被老師罵一頓，麗拉的氣也差不多消了，便向他點點頭，接受他的道歉。

　　老師拍拍麗拉的肩膀，接著拿出幾張鈔票，「別生氣了，待會到合作社買套體育服換上，這件衣服帶回家洗乾淨再穿。」

　　麗拉接過鈔票，低聲說：「謝謝老師，這些錢我明天再還給您。」

　　「沒關係。」老師說完，隨即大聲宣布，「從今天起，罰林大顯掃廁所兩個星期，希望你記取教訓，別再對同學惡作劇！」

　　許多平日被大顯整得哭笑不得的同學聽到他被處罰，都拍手叫好；大顯臉上則一陣青、一陣白，懊惱不已。

　　　　■　　　　　■　　　　　■

　　吃晚餐時，明安將今天學校發生的事告訴全家人。

　　　魔術墨水

　　鑽研化學有成的爸爸說：「魔術墨水的成分是百里酚酞，是一種酸鹼指示劑，在pH值小於9.4以下呈現無色，pH值大於10.6以上則是藍色。百里酚酞難溶於水，因此商人將百里酚酞溶於酒精，再與鹼性水溶液混合，就變成藍色，看起來很像藍墨水。」

　　明安不解的問：「為什麼魔術墨水潑到衣服上，顏色會慢慢消失呢？」

　　曾聽化學老師講解魔術墨水原理的明雪反問：「你想想看，空氣中的哪種成分溶於水後會變酸？」

　　明安自言自語：「嗯，讓我想一想……」他馬上在腦海中翻閱一頁頁曾經讀過的資料，「氮氣嗎？不對，它難溶於水。氧氣嗎？也不對，它也難溶於水……啊！我知道了，是二氧化碳！二氧化碳溶於水就變成碳酸，所以汽水又叫作碳酸飲料。」

爸爸讚許的點點頭，「嗯，不錯，平常教你的化學知識，你都懂得靈活運用。」

　　明安心裡卻暗笑，「這哪裡是你教的？我可是從學校圖書館的理化叢書中，自己摸索出來的喔！」

　　悟出其中玄機的明安繼續說，「這麼說來，魔術墨水潑到衣服上後會吸收空氣中的二氧化碳，逐漸變成酸性，顏色也就消失了……」

　　爸爸接著說明，「百里酚酞沒有很強的毒性，不過化學藥劑殘留在衣服上，雙手不免會碰觸到；若未洗手就取東西食用，有損健康，所以你們老師才要麗拉換下衣服。」

　　明雪又補充道：「爸爸剛才說過，百里酚酞難溶於水，你教麗拉在沾到墨水處噴點酒精，搓揉後用水沖洗，這樣才洗得乾淨。」

明安點點頭，一溜煙的下了餐桌，馬上打電話給麗拉。兩人吱吱喳喳講了好久，結束通話後明安才走回餐桌。

「只不過教她洗件衣服而已，怎麼講那麼久？」明雪忍不住揶揄弟弟。

明安不理會她的嘲弄，轉向爸媽，神氣說道，「歐爸爸開的大飯店發生竊盜案，麗拉請求她爸爸，要我和姊姊協助釐清案情。歐爸爸會派車來接喔！」

媽媽忍不住笑了出來，「他真的把你們當小偵探啦？」

明安為自己說話，「我們本來就是小偵探，別忘了上次在南投埔里被綁架時，是我救了大家，歐爸爸還一直稱讚我呢！」

看兩姊弟一副興致高昂的模樣，爸爸只得無奈點頭，

「既然歐爸爸都派車來接了，你們就去吧！不過別太晚回來，明天還要上課呢！」

　　為了讓爸媽安心，明安詳盡說明，「歐爸爸是擔心內部員工監守自盜，對飯店信譽不好，所以請我們先判斷情況；若內部員工沒有涉案嫌疑，他就會正式報警，後續調查工作就交給警方，所以應該不會拖太久啦！」

　　不久，門鈴響了，飯店的車已在樓下等待。姊弟倆興高采烈的出門，因為參與偵探工作，已成為他們的課餘嗜好。

　　　　　■　　　　■　　　　■

　　飯店離明安家沒多遠，他們很快就到了。歐爸爸和麗拉在辦公室等候，一見到他們，歐爸爸立刻請員工端上飲料。

　　待員工離開後，歐爸爸低聲解釋，「事情是這樣的。

這家飯店因為位處新開發的工業區附近，很多客人都是從國外或別縣市來洽談生意；他們抵達後先將行李放進房間，接著出外工作，通常要吃完晚餐才回飯店休息。沒想到今晚許多客人回房後，發現貴重東西不翼而飛，顯然是有竊賊入侵；但電梯裝有保全系統，除了員工之外，沒有住宿卡的人根本不可能搭乘電梯，當然也無法進入住房區⋯⋯」

「所以，竊賊可能假借投宿名義取得住宿卡，再進入住房區行竊？」明雪仔細推敲。

「嗯，我們一開始也認為是這樣，但清查投宿旅客名單後，發現一件奇怪的事情。」

明安趕緊追問：「什麼奇怪的事？」

「投宿旅客依規定要登記資料，可是我們清查旅客登記簿時，發現906號房的客人沒有留下資料，櫃枱人員卻

發出住宿卡；更奇怪的是，那個房間裡沒有任何旅客或行李的蹤影。」

明雪點點頭，「您擔心員工監守自盜，發出住宿卡給竊賊？」

歐爸爸歎了口氣，「唉，我最擔心這樣。這種事一傳出去，誰還敢來投宿？」

「今天下午值班的櫃枱員工有何說法？」明雪問。

「嗯……郭小姐認真負責，我實在不相信她會勾結外人，但對於旅客未登記資料就發出住宿卡這件事，她又無法交代清楚。就算她沒有監守自盜，起碼怠忽職守，按公司規定要記過開除。她現在就在辦公室外等候，如果不能洗刷她的嫌疑，我只好按規定處理。」看得出來，歐爸爸相當無奈。

明雪突然覺得心理負擔好重，「那就請她進來吧！」

郭小姐是位年近四十的婦人，臉上有些雀斑，給人正派、端莊的感覺。她一進辦公室就苦苦哀求：「董事長，現在景氣那麼差，我先生已經放了好幾個月無薪假。拜託、拜託！不要開除我啦！我有個念小學的兒子，如果丟了工作，一家三口的生活怎麼辦？」

「我知道你平常表現良好，但這次客人沒登記就發出住宿卡，害飯店遭小偷……你要怎麼解釋？」雖然無奈，歐爸爸語氣仍然很硬。

「每位客人登記資料並核對身分證件後，我才會發出住宿卡，這是公司規定，我怎敢不遵守？至於906號房客人的資料為何憑空消失，我也不知道啊……」郭小姐焦急的說。

明安開口詢問，「飯店裡有裝監視器嗎？如果有的話，調出錄影畫面不就知道906房客人有沒有登記？」

歐爸爸搖搖頭，「因為我們的客源多半是外國富商，極為重視隱私權，所以飯店沒裝監視器。」

明雪則問：「我可以看看旅客登記簿嗎？」

歐爸爸指指桌上的簿子，「依電腦紀錄顯示，906號房的住宿卡於下午3點47分核發，但登記簿上顯示3點22分和55分各有一位客人，其間根本沒有別人登記。」

明雪和明安盯著登記簿，再度陷入苦思。

突然間，明雪似乎發現什麼異狀，捧起登記簿近看研究；半晌之後，抬頭對歐爸爸說：「我推測，這個人可能確實登記，只是筆跡消失了。」

「筆跡消失？你在開玩笑嗎？才幾個小時而已耶！況且，墨水怎麼可能平空消失呢？」歐爸爸難以置信。

「其實不需要幾個小時，幾分鐘內墨水就有可能消失，因此下一位客人才會簽在他的筆跡上。」明雪接著轉

　　魔術墨水

向麗拉，「今天在學校裡發生的事情，你有沒有告訴爸爸？」

「沒有，我本來要說的，但爸爸忙著處理竊案，所以沒機會講。」

歐爸爸關心的問：「今天學校發生什麼特別的事嗎？」

麗拉轉述大顯惡作劇的經過，歐爸爸恍然大悟，「你懷疑歹徒用魔術墨水登記資料，所以筆跡才會消失？」

明雪點點頭。

「若真是如此，我們又能怎麼證明？後面的客人在上頭寫了字，筆跡早已被覆蓋，還能還原嗎？」歐爸爸半信半疑。

明雪想了想，說：「我記得化學老師曾提過，強鹼能讓魔術墨水現形！」

歐爸爸皺眉，「飯店裡應該沒有危險物品……如果真有需要，我派人去買……」

　　明安興奮的插嘴，「不用了，這裡一定有強鹼！爸爸之前教過我，通馬桶或水管的清潔劑就是強鹼──飯店應該也有使用吧？」明安心想，這會兒爸爸教的知識可派上用場了！

　　「有、有，我立刻請人拿過來。」

　　幾分鐘後，清潔工帶著裝在小鐵罐裡的強鹼藥劑，出現在辦公室。

　　明雪要來一雙橡皮手套及一杯水後，將少量藥劑倒在舊報紙上，只見白色顆粒及銀白色碎片混合在一起。

　　她將一顆白色顆粒丟入水中，「這就是氫氧化鈉，是很強的鹼。」

　　麗拉看著舊報紙上的銀白碎片，好奇發問：「這是什

麼？」

「那是鋁片。」明雪取了一根泡咖啡用的塑膠小湯匙，來回攪拌杯中水。

明安也很好奇，「為什麼氫氧化鈉和鋁混合在一起，就可以疏通水管？」

「鹼本來就可以溶解油脂，鋁遇到強鹼又會產生氫氣，同時放出大量的熱。這些受熱氣體可將堵塞物衝開，如此一來，水管就暢通啦！」明雪仔細說明。

「姊，你好聰明喔！」一向愛和姊姊鬥嘴的明安，也不得不欽佩她的博學多聞。

明雪聳聳肩，「這沒什麼，高中化學課本寫的。」

她向歐爸爸要來澆花用的小噴霧瓶後，倒進已混合均勻的氫氧化鈉水溶液，接著請歐爸爸準備好數位相機。她將旅客登記簿放在地上，對著簿子噴灑，瓶中強鹼變成霧

氣覆蓋紙面，上頭浮現藍色字跡。

「快拍照！」明雪大喊。

聞言，歐爸爸立即用數位相機對著簿子連拍數張照片，幾分鐘後，字跡又消失了。

歐爸爸將照片檔案傳到電腦，不可置信的說，「真是太神奇了！」

雖然藍色字跡與後一名旅客以黑筆登記的資料糾結，仍可勉強辨識。

「名字及身分證字號都有了。郭小姐，若你曾確實核對證件，那警方應該可以找到這個人。」明雪笑著說道。

真相終於大白，歐爸爸對於誤會郭小姐一事致歉，並請她打電話報警。

雖然還不確定這名嫌疑犯是否竊取財物，但郭小姐很高興保住工作；向明雪姊弟道謝後，立刻打電話報警。

明雪也拉著明安告辭，「接下來就是警方的事情，時候不早了，我們也該回家了。」

歐爸爸極力挽留，「今天多虧你們幫忙，不但挽救飯店商譽，也讓我留下一位好員工。這樣吧！我吩咐飯店主廚煮一頓大餐請你們吃，聊表心意。」

明雪急忙推辭，「不用了，我們吃完晚餐才來的，何況明天要考化學，我得回去念書了。」

歐爸爸聽了猛點頭，「對、對，要用功讀書，今天我才見識到化學知識極有用處！那不然，改天等你們兩位和令尊、令堂都有空，我再邀請大家一起聚餐，好嗎？」

姊弟倆心中高興又有一頓大餐可吃，卻客氣的連聲說道：「謝謝！謝謝！不用了！不用了！」

一陣客套後，明安忽然提了個疑問：「姊，你怎麼猜到房客是用魔術墨水登記的？」

明雪得意一笑，「當然是靠敏銳的觀察力囉！我發現雖然墨水消失了，但那個人寫字的力道不小，因此還是留下印痕，才想到可能是魔術墨水搞的鬼！你要成為小偵探，還得多磨鍊觀察力！」

　　明安嘟嘴「喔！」了一聲，歐爸爸和麗拉則大笑出聲，送走這個充滿緊張感的「魔術」夜晚……

大家來破案 II

## 科學小百科

文中提及的魔術墨水，想必讓大家想到武俠小說常出現的「無字天書」橋段——只要拿到火邊烤一下，隱形字體就自動現形！

其實，有種非常簡單的隱形墨水實驗，大家可以試著動手做：將檸檬汁加幾滴水調勻，並在白紙上寫字；等乾了之後，將紙拿到燈泡附近烤一烤，字跡自然浮現出來！

這是因為檸檬汁或其他果汁裡含有碳化合物，溶解於水後幾乎無色；一旦經過加熱，碳水化合物會分解，留下黑色的碳，字跡就浮現出來！很奇妙吧？

魔術墨水

　　明安對棒球越來越狂熱，除了王建民的比賽非看不可外，也和同學合組少棒隊。雖然沒有教練指導，一切都靠自己摸索，小球員們仍然玩得非常開心。

　　某天下午，一名中年男子站在場邊看球之後，一切都改變了！他們不但獲得全新的設備，還加入一位名氣不小的教練——陳銘。

　　據說，陳銘曾是職棒史上安打數最多的球員，退休後投資了一些企業，憑著他的超人氣，各項投資都很成功。陳銘眼看財富日漸增多，心裡想著何不為自己最喜愛的棒球貢獻心力、回饋社會？正好，那天散步到公園，看到明安與同學在打棒球，他覺得這群孩子頗有天分，可惜乏人指點，於是捐錢幫少棒隊添購全新的球具，而且答應擔任教練，在百忙之中抽空指導小球員球技。球員們受此鼓勵，更加勤奮練球。

教練眼看他們球技日益成熟，決定帶著全體隊員到別縣市參加比賽。「我是花蓮縣壽豐鄉長大的原住民，那裡的小朋友最會打棒球了，我打職棒成名後，也捐了不少錢贊助母校的棒球隊。我想利用下周的連續假期帶你們到花蓮進行友誼賽，好不好？」陳銘說出他的計畫。

　　小朋友們一聽，到花蓮既能玩耍又可以和當地小朋友打球，豈有不贊成的？大夥回家取得父母同意後，就摩拳擦掌準備這場友誼賽。

■　　　　■　　　　■

　　假期第一天，教練租了輛遊覽車，帶著他們遠征花蓮。由於明安身為隊長，爸爸自然義不容辭的隨隊照顧小球員。

　　抵達花蓮時已下午兩點了，教練要求司機開到鯉魚潭，「到了花蓮，怎能不欣賞當地美景呢？」他要大家下

尋藻

車活動筋骨。

鯉魚潭面積廣大，久居都市的孩子一下遊覽車，遠遠看到波光粼粼的潭面就不禁讚歎。可是，走近一看，卻發現水面浮著紅色物質，還聞到陣陣臭味。球員失望的說：「怎麼會這樣呢？」

教練說：「我小時候最喜歡到鯉魚潭玩，可惜近幾年從報導中得知，由於優養化的關係，此處水質有惡化現象，只是沒想到這麼嚴重！」

球員們不解的問：「什麼是優養化啊？」

明安的爸爸身為中學自然科老師，怎會錯過進行環保教育的機會？他說：「你們看四周有多少商店？湖面上有多少汽艇、腳踏船？人類排入湖中的廢水裡，包含油汙、清潔劑、食物殘渣、排泄物等。雖然這些對人而言是廢物，但對湖中藻類卻是營養來源。你們看湖裡泛著紅光，

就是藻類大量繁殖的結果。藻類一多，水中會出現許多植物遺骸，接著細菌就需要耗用溶於水中的氧氣來進行分解，因此溶氧量大幅降低，導致魚窒息而死；一旦水中厭氧菌增生，便會發出臭味。」

球員們異口同聲的說：「我們不要再汙染它了！」

教練讚許的點點頭，「嗯！我們沿著潭邊散步一會兒，就上車回旅社休息。」

　　　■　　　■　　　■

晚餐後，教練召集所有隊員在他房間開會。

「明天他們一定會派出當家投手先發，我看過他的球路，下墜球很犀利，我們不要硬碰硬……」教練正在指導作戰策略時，手機突然響了，他向大家道歉後，走到房間外講電話。

過了一會兒，教練滿面怒容的走進來，對明安說：

尋藻

「隊長，臨時有緊急事情發生，我必須趕回台北，會議由你主持。大家把棒次排定就去睡覺，明天好好打球，我會搭早上第一班飛機趕回來幫大家加油。」接著他又低聲向明安的爸爸交代了幾句，就匆匆離開。

可是，一直到隔天中午球賽結束，教練都沒有出現。明安和隊友們一心掛念著教練的行蹤，根本無法安心打球，終場以5比7兩分之差落敗。

明安的爸爸招呼垂頭喪氣的小球員上遊覽車，等大家坐定後，他嚴肅的宣布：「剛剛比賽時，我得知一則不幸消息。教練的家人說，清晨五點一群早起運動的老人發現教練倒臥在河邊，已經死亡。」

小球員們一片愕然，接著傷心得泣不成聲。明安的爸爸只能盡量安撫，並吩咐司機直接開車回台北。

抵達台北時，小球員要求去事發現場祭拜教練。

明安的爸爸說：「目前警方正在調查教練的死因，遺體已送交法醫解剖了。」

小球員們說：「我們想到河邊悼念。教練對大家這麼好，如果不向他致意，我們是不會安心的。」

明安的爸爸拗不過他們，只好要求司機把車開到河邊。

　　　　■　　　　　■　　　　　■

由於今天是假日，明雪睡得較晚。起床後由收音機聽到教練出意外的新聞，她立刻趕到警方的實驗室，要求與鑑識專家張倩見面，想問問是否確知教練的死因。她知道明安非常崇拜教練，這件事若不早日調查清楚，他會寢食難安。

張倩告訴明雪說：「根據法醫解剖紀錄，陳銘的肺部有大量積水，顯示他是生前落水淹死的。」

尋藻

明雪問：「那是意外落水溺斃的囉？」

「不，由於他額頭有一明顯傷痕，顯然是遭重擊後落入水中溺斃。」

明雪又問：「在屍體被發現的河邊發生毆打嗎？」

「不是，我們取肺部的水和河水一起化驗，發現兩者成分不同。陳銘肺部的水所含磷酸鹽濃度，比一般河川高很多，可見他是在別處遭重擊落水溺斃後，再被移到河邊棄屍。」張倩詳細說明。

明雪追問道：「為什麼磷酸鹽濃度這麼高呢？」

「不知道。可能是水鳥聚集的湖泊，因為鳥糞裡含有大量的磷；也可能是工廠排放的廢水或磷礦附近的水池，都有可能。」

明雪歎了口氣，「這個範圍還是太大了！」

這時李雄匆忙走進來看解剖報告，張倩順便問他調查

有何進展？

李雄說：「根據通聯紀錄，陳銘昨晚在旅社接的那通電話是由公共電話發出，所以無法追查是何人所為。但他太太說，他在凌晨三點曾回家，四點又離開，這點有大樓錄影帶佐證，相當可靠。」張倩感到疑惑：「深夜還匆匆進出，她沒有問他原因嗎？」

「他只說要改正一項錯誤投資，因為夜深了，陳太太怕吵醒兒子，也沒多問。我們查了他投資的情形，光是工廠就多達十幾家。聽說他為人海派，只要朋友需錢投資，他幾乎來者不拒，所以光是調查人際關係和金錢往來，就要耗掉很長的時間。」李雄詳細說明。

明雪在旁邊聽到兩人對話，覺得有點頭緒，但又不十分清楚，就徑自走出實驗室，想到外面靜靜思考。

她一面踱著步，一面喃喃自語：「如果他四點才離

尋藻

家，五點屍體就在河邊被發現，那謀殺現場應該不會離這兩個地點太遠。」想到這裡，她趕緊打手機給明安。

「明安，你們想不想幫忙抓凶手，替教練報仇？」她問。

明安和隊友到河邊時，遇到家屬正在河邊招魂，大家看了更傷心，哭成一團。此時明雪提出這個問題，他自然堅定的說：「當然願意！我現在人在發現屍體的河邊。姊，快告訴我怎麼抓凶手？」小球員們一聽要抓凶手，全都圍了過來。

明雪大喊：「你剛好在河邊？太好了！你把球員分成兩批，一批留在河邊，一批到教練家。兩批人分別由河邊及住家出發，每個人分配不同方向，散開搜查。」

明安焦急的問：「搜查什麼？」「任何水池、湖泊甚至大水溝，只要發現能讓人躺下去的水體，都立刻回報給

我。」她明確的說。

「姊，這樣目標會不會太多？」明安皺眉。

「你別管，把我的手機號碼給他們，只要看到符合的水體就回報。」

明安把她的話轉告大家，雖不懂她的用意，但只要能破案，大家都樂意去做。

很快的，明雪的手機開始響個不停。回報的水體五花八門，明雪要求他們形容水體及附近的景象，但都發現不符合自己的推測。

約半個小時後，明安打來了，「姊，我找到一個小池塘。」

「快，描述一下。」她又燃起希望。

「池水不深，但很混濁，池子前面是家小工廠，招牌寫著『庭觀洗衣粉』。」

尋藻

明雪突然振奮起來，「你用手到池子裡撈一下。」

明安依照她的話，蹲下撈水起來看，「有紅色的藻類，很像我們在鯉魚潭看到的耶！」

「明安，快離開，你已經找到命案第一現場了，其他的交給警方吧！你通知所有球員快點回家，很快就會有破案的好消息了！」說完後，明雪急忙回到警局，所幸李雄尚未離開。

「李叔叔，陳銘投資的公司中，有一家『庭觀洗衣粉』嗎？」明雪拋出疑問。

「有，我翻閱資料時曾看到，工廠負責人是游蔚，但資金是向陳銘借的。」

「麻煩你趕快派人搜索那家工廠，因為命案第一現場就在工廠前的水池。」

李雄聞言，立刻帶隊搜查，張倩也隨同前去。她先用

空瓶盛裝工廠前池塘裡的水，準備帶回化驗。撈水時，她發現池邊有顆沾了血的石塊，也一起帶回化驗。

李雄在與游蔚談話當中，發現他的手腳顏面有多處挫傷，就以涉嫌重大為由將他帶回偵訊。起初，游蔚矢口否認殺人，「陳銘是借錢給我創業的貴人，我怎麼會殺他？」

不久後，化驗結果出爐。警方發現工廠前的池水與陳銘肺中的水含有相同濃度的磷酸鹽；石塊上的血跡也是陳銘的，游蔚只好俯首認罪。

他供稱，本來陳銘借錢給他蓋間兩層的樓房，樓下開設洗衣粉工廠，二樓作為住家。當洗衣粉要上市的前夕，沒想到政府鑑於含磷的洗衣粉會汙染環境，因此修改法令，禁止販售。游蔚不想配合法令更改製程，一方面仍偷偷製造違法的含磷洗衣粉，以較低價格賣給少數無知又貪

尋藻

小便宜的消費者；另一方面則利用工廠作掩護，偷偷製造安非他命謀利。

陳銘昨晚不知從哪裡得知工廠有不法行為，怒氣沖沖的跑到游家理論。他不滿自己的錢被拿去從事非法勾當，手持當年借據，堅持要游蔚立刻還錢，還揚言向警方檢舉，兩人因而發生扭打。游蔚打不過他，就從地上撿起石塊把他敲昏，並推入池塘溺斃。案發後，游蔚因害怕殺人及工廠製造毒品的事會曝光，便把屍體運到河邊丟棄。

當游蔚招供完時，工廠一名職員也自動到派出所說明。原來，陳銘在旅社接到的電話就是他打的。因為他是陳銘的朋友，便由陳銘介紹到工廠做事。當他發現這件不法行為後，怕好友無端捲入風波，才提醒陳銘。陳銘連夜趕回台北與他接觸後，即迅速回家取借據，前往游家討回借款。事後他聽說陳銘死亡的消息，心裡有數，知道是游

蔚殺的，但因害怕自己的安全，不敢挺身而出，直到確定游蔚被捕，才現身出面說明。

明安與隊友們對於能協助警方偵破教練命案，感到莫大欣慰。但明安還是不太了解，姊姊憑什麼判斷那水池是第一現場？

「張阿姨的化驗顯示，教練肺部的水所含磷酸鹽的濃度偏高。我想到磷酸鹽是優養化的元凶，所以要求你們搜索附近水體。你找到的水池有許多藻類，就是優養化的結果，加上附近開設洗衣粉工廠，更讓我懷疑他們違法生產含磷的洗衣粉。」明雪娓娓道出推測。

「為什麼傳統洗衣粉要加磷酸鹽呢？」明安仍有不解之處。

「因為磷酸鹽很容易和金屬離子產生沉澱，所以早期的洗衣粉都有添加，讓水中的鈣、鎂等離子沉澱，阻止汙

　　尋藻

垢聚積。但這樣會造成水汙染，所以政府才禁用。為了愛

護環境，我們不但要拒買含磷的洗衣粉，若發現有人製造

這種不合格的洗衣粉，一定要勇於檢舉喔！」明雪看著弟

弟猛點頭，不禁露出一抹滿意的笑容。

# 科學小百科

根據研究，優養化會讓有毒藻類出現、破壞水域生態環境，如果集水區發生優養化，會增加淨水成本、提高自來水中的三鹵化甲烷濃度。台灣的水庫普遍有優養化現象，全國21條主要河川中，有數條屬嚴重汙染程度。在現今重視環保的浪潮下，有待大家繼續關心及努力！

尋藻

# 網中蜘蛛

　　最後一堂是物理課，老師正在講解光學中的折射現象。

　　離下課還有5分鐘，平日上課頗專心的奇錚卻已偷偷收拾書包，這不尋常的舉動引起明雪好奇。偏偏老師堅持要把折射講完才下課，奇錚顯得坐立不安，不停皺眉看錶。

　　終於，老師放下粉筆，說了聲：「下課！」奇錚抓起書包就往外衝，明雪攔下他，「你今天怎麼了？到底在急什麼？」

　　奇錚撥開明雪的手，直嚷著：「我跟人家約好今天碰面，快來不及了啦！」說完，就一溜煙跑了。

　　明雪目瞪口呆，回頭問惠寧，「奇錚今天很反常，妳知道他是怎麼回事嗎？」

　　惠寧歎口氣道：「唉，妳有所不知，奇錚私底下其實是個宅男，除了K書，整天就迷網路遊戲，班上的活動他

幾乎都不參加。由於不斷『練功』，聽說他的電玩功力很高，他甚至曾經跟我說，將來計畫靠打電玩維生。」

「是喔！」明雪點點頭，大歎這世界真是什麼樣的人都有。

「現在的線上遊戲不是都有寶物、天幣嗎？如果玩家功力高深，擁有很多寶物和天幣，就可以賣給其他人，賺取生活費。」惠寧詳細說明。

明雪皺起眉頭，「我從以前就覺得很不可思議，真的有人肯花錢去買虛擬的寶物和天幣！」

「當然有啦！對玩家而言，寶物和天幣非常珍貴，當然捨得用錢買……不跟妳說了，像妳這種不玩線上遊戲的人，根本無法體會。」惠寧撇撇嘴。

「我又不是故作清高不想玩，只是一看到光影變化快速的螢幕，頭就暈了！」出言辯駁的明雪雖然備感委屈，

網中蜘蛛

仍忍不住追問：「妳還沒告訴我，奇錚今天為什麼急著走？」

「他最近在網路上認識一個朋友，表明願意出高價買寶物；他們約定今天碰面，所以他很興奮。」因為要補習，惠寧說完後就先行離開。

明雪看著空蕩蕩的教室，不禁思考：就算不玩線上遊戲，也得略微了解相關知識；否則不但和同學有距離，就算自己將來如願以償，當上刑事鑑識專家，一定也會碰到與線上遊戲相關的法律案件。

■　　　　■　　　　■

晚上7點，明雪剛吃完晚飯，想起奇錚和網友約定碰面的事，愈來愈不安……報紙不是經常刊載青少年被網友欺騙的新聞嗎？於是她撥打奇錚的手機，想提醒他小心一點，不過電話沒接通。

雖然憂心忡忡，但明雪也只能邊看電視新聞打發時間，邊耐心等待奇錚回電。

　　不久，她的手機果真響了，卻是李雄打來的。「明雪，你們班上是不是有位同學叫賴奇錚？」

　　「是啊，怎麼啦？」明雪很驚訝李叔叔為什麼認識奇錚？「剛才轄區裡的ＫＴＶ報案，一名客人在包廂昏倒，額頭還有傷口，疑似遭人毆打。我調查過他的身分，發現他是你們學校的學生；我還查看了他的手機，最後一通未接來電竟是妳打的，所以想向妳查證。」

　　明雪急忙詢問：「他的傷勢要不要緊？」

　　「救護車已經把他送到醫院，現在仍處於昏迷狀態。」李雄告知。

　　「既然奇錚送往醫院，一切就只能交給醫生；目前自己可以幫忙的，就是加入調查行列，早日把傷害奇錚的人

繩之以法！」思考至此，明雪立刻對李雄說：「李叔叔，我可以協助調查嗎？」

聽聞生力軍自願幫忙的李雄，當然舉雙手贊成。

向爸媽說明後，明雪迅速趕往李雄所說的KTV。李雄正巧在櫃枱找服務人員問話，就帶著明雪進入出事的包廂。

張倩正忙著蒐證，一看到明雪便歎了口氣，「KTV是公共場所，每隔幾小時就會換一批人進來，現場的指紋多到採集不完！」

李雄則說明辦案進展，「我剛剛要求店家播放監視錄影帶，比奇錚晚幾分鐘進入包廂的年輕男子，進出時都戴著帽子，而且帽簷壓得很低，無法辨識面貌，只知道他又高又胖。因為他戴著手套，可能採集不到指紋。」

張倩雙手環胸研判，「這顯然是預謀犯罪。一般而

言，在公共場合發生的刑事案件，大多是臨時引發的暴力衝突。」

明雪分享自己掌握的資訊，「我聽同學說，奇錚今天和網友見面，要賣掉他的寶物。」

李雄擊掌大喊：「哇，這個情報太重要了！那我就請局裡的網路警察追查對方IP（即每部電腦在網路上的位置），再請ISP業者（即網際網路服務提供者）提供資料，就可以知道對方的身分了！」

明雪仔細打量包廂裡的擺設，除了電視、麥克風、小茶几之外，旁邊還有洗手間。她注意到奇錚的眼鏡掉落地面，鏡片已經破碎。

奇錚是個大近視，鏡片很厚，一圈又一圈，活像金魚缸；明雪常勸他看書看久了要休息，否則度數還會再加深，但奇錚總聳聳肩，不以為意，原來他是沉迷在電玩

中。

驀地，明雪發現地板有幾個巨大鞋印。如果照李雄所講，嫌犯又高又胖，那麼這些腳印可能就是嫌犯留下來的。

「那是13號球鞋，我已經把鞋印拓印下來，可以循線找出製造廠商。這麼大的鞋子在身材較矮小的東方人裡非常少見，是一條有力線索。」見明雪注意到鞋印，張倩說出想法。

李雄點頭附和，「嗯，沒錯。可能其中有人不小心打翻飲料，踩到後便留下鞋印；從監視錄影帶中也可看到嫌犯穿黑色球鞋。」

明雪覺得自己幫不上什麼忙，就向李雄詢問奇錚被送到哪家醫院，她想去探望。

李雄笑道，「我用警車載妳去吧！這裡的調查工作已

告一段落，我想到醫院看看被害者清醒了沒？如果醒了，我有很多問題準備問他呢！」

明雪便搭李雄的車前往醫院。

幸好奇錚的傷勢不重，經過緊急救治後已轉醒。醫生表明雖然只有外傷、沒傷及腦部，但患者目前很虛弱，希望警方問話時間不要過久。

奇錚有點喘，斷斷續續說出事發經過。

他上星期在聊天室認識那位網友，對方的網路暱稱叫「木瓜」，因為兩人對同一款遊戲很著迷，所以聊得非常開心。

木瓜說自己雖喜歡這個遊戲，但技術不好，一直無法取得寶物，所以想找人購買；奇錚高興的表示，自己有很多寶物，可以賣他，雙方便相約今天在KTV碰面。只要木瓜交出現金，奇錚就會把寶物轉到他的帳號。

網中蜘蛛

　　奇錚比木瓜早抵達KTV包廂。幾分鐘後，木瓜也到了。兩人沒聊幾句，木瓜就不慎打翻飲料。

　　交談終於進入正題，木瓜突然說自己沒帶現金；奇錚還來不及反應，對方已連揮重拳毆打他，逼他說出帳號和密碼後，再將他擊昏……

　　李雄問道：「你有沒有看清楚他的面貌？」

　　「沒有。他走進來時帽子壓得很低，加上室內又很昏暗……」

　　李雄沉吟了一會兒，「……好吧！將你的遊戲帳號、登入遊戲的伺服器名稱、使用人物角色的ID名稱都告訴我，我請警局裡的網路警察立刻追查這些寶物轉到誰的帳號。」

　　奇錚依實說出之後，李雄立刻用手機聯絡警局裡的電腦高手追查。

明雪看看時間已經不早，安慰奇錚好好養傷後就回家休息。

　　第二天，同學們聽聞奇錚被打傷住院的消息都十分震驚，老師也以此為教材，再次叮嚀同學，網路交友一定要謹慎。

　　放學後，大家相約到醫院探視奇錚，明雪則迫不及待的跑到警局詢問案情進展。

　　李雄說明：「我們已從鞋印查出廠牌。買大尺寸球鞋的客戶固然不多，但有些人用現金交易，追查不易。此外，負責偵查網路犯罪的同仁已找到木瓜的IP，可惜他是在不同的網咖上網，所以無法追查他的行蹤。昨晚案發後，那批寶物很快就被轉走了，但不是轉到木瓜的帳號；我們已追查到一名不知情的高中生，指稱木瓜前幾天在網

網中蜘蛛

路上向他兜售寶物，並約在昨晚交貨……」

明雪不解，「前幾天就向他兜售？」

「可見木瓜早就預謀搶奪寶物後立即轉手賣人。我懷疑他是慣犯，已委請網路警察嚴密監視這個帳號有沒有再出現；但到目前為止，他都沒有上線。」李雄說出自己的推斷。

這時，一名年輕警員向李雄報告：「組長，木瓜這個帳號雖然沒有再上線，但有一名暱稱為蓮霧的網友，在網路上分別向不同對象要求購買及兜售遊戲寶物……」

「太不尋常了！會表明購買意願表示此人缺少寶物，兜售則因為他的寶物太多；但這個人又買又賣，十分奇怪，手法和木瓜很像。」李雄急忙再問：「你查出他的IP沒？」

「查過了，不過他人在某家網咖。」

「人還在線上嗎？」李雄邊問邊往電腦移動。

　　「是。那家網咖的位置在⋯⋯」

　　李雄邊聽屬下報告，邊用無線電呼叫在街上巡邏的警員，要對方到那家網咖臨檢，看看有沒有一名高胖男子；如果有，就上前盤查他的身分。

　　幾分鐘後，警員用無線電回報：「現場有三名高胖男子，經盤查後，他們的身分證字號分別是⋯⋯」

　　局裡的員警立刻將身分證字號輸進電腦，調出三名男子的資料。「其他兩人沒有犯罪紀錄，唯獨這個錢炳盛前科累累，有多次暴力犯罪的紀錄。」

　　李雄立刻下令，要求巡邏警員帶回錢炳盛。

　　不久，警車載回一名高胖男子，明雪注意到他穿了一雙大尺寸的黑色球鞋。

　　男子一進警局就大聲咆哮，表示警方沒有任何證據就

　　　　　　　網中蜘蛛

把他帶來警局，一定要告到底！

　　李雄出言安撫，「先生，你先別激動。我們沒有逮捕你，只是想問你幾個問題；如果沒有異狀，你就可以離開了。」

　　男子頓時語塞，只能氣呼呼的坐下，「有什麼話快問，我還有事要忙！」

　　這時，明雪站到李雄身旁，悄悄對他說：「李叔叔，他腳上的球鞋好像是案發時的那一雙。可以請張阿姨檢查他的鞋印，是否和現場拓印下來的相符；而且案發現場滿地都是奇錚眼鏡的碎破璃，說不定他曾踩到……如果有，現在應該還留在鞋底！」

　　李雄點點頭，立刻請錢炳盛脫下球鞋，再交由警員送到張倩的實驗室。

　　李雄又問了錢炳盛案發時的行蹤，他表示當時一個人

在家睡覺。

　　李雄問東問西，故意拖延時間；過了好一會兒，張倩親自送來檢驗報告，她堅定的對李雄說：「鞋印完全符合，而且在鞋底找到的玻璃碎片，也和賴奇錚的眼鏡鏡片相符！」

　　面對鐵證，錢炳盛只好俯首認罪。他承認在網路上同時尋找買家與賣家，與賣家碰面後，以暴力取得密碼，再迅速轉到買家帳號，並收取金錢；只要得手，他便立刻改變帳號及暱稱，重新找尋買賣雙方。

　　李雄以詐騙及施暴等罪名，羈押了錢炳盛。

　　他摸摸明雪的頭，讚許的說：「不錯喔！妳能立即想到他的鞋底可能卡著玻璃碎片，最後成為破案的關鍵之一。」

　　張倩在一旁補充，「在刑事案件上，玻璃是非常有

用的微量證物。例如闖空門、搶劫、車禍逃逸、凶殺等案件，都可能打破玻璃。玻璃碎片四處飛散，距離可達3公尺之遠，所以罪犯和被害者身上也可能沾到。卡在衣服或頭髮上的玻璃碎片，大小約0.25～1毫米，脫落速度則視衣服質料而定，例如在毛衣上停留的時間就比皮夾克久。」

李雄接著補充，「沒錯，如果玻璃碎片掉進口袋，或卡在鞋縫、刺入鞋底，都會停留得比較久。根據統計，高達60％的刑事案件有玻璃證物，其中有40％的玻璃證據具效用。」

明雪覷覰的說：「其實是昨天物理課時，老師剛好講到折射，提到測量物質的折射率是極為準確的分析法。所以我就想，說不定阿姨可以藉此檢驗鞋底的玻璃碎片。」

張倩笑著說：「我不只檢驗奇錚的鏡片與錢炳盛鞋底的玻璃碎片折射率是否相同，還分析了鞋底玻璃的元素。

我發現刺在鞋底的玻璃含鉛，適合作為近視鏡片。因為奇錚沒辦法指認罪犯，鞋印及玻璃成為僅有的證據，所以我格外謹慎，還測量了兩批玻璃碎片的密度。有了這些證據，我才敢確定錢炳盛鞋底的玻璃碎片來自奇錚的眼鏡！」

　　明雪離開警局前，李雄特別交代，「明雪，幫叔叔呼籲妳同學，網路固然可以增廣見聞，但也有許多居心叵測的壞人，就像心腸歹毒的毒蜘蛛，等著你們自投羅網。自己要多加小心！」明雪點點頭，向張倩及李雄道別後，輕鬆踏上歸途。

　　　　網中蜘蛛

# 科學小百科

　　用途殊異的玻璃內含不同成分，例如普通平板玻璃及燈泡含鈉，化學實驗室用的Pyrax玻璃含硼，某些鍋具的玻璃含鋁，光學玻璃及水晶玻璃含鉛，汽車大燈含硼，過濾紫外線的玻璃含錫，玻璃纖維含硼和鋁，玻璃瓶的鎂含量較低、鈉含量較高。

　　正因為成分略有差異，所以檢驗玻璃碎屑時，會將溴甲烷、四溴乙烷及聚鎢酸鈉等數種液體，依不同比例混合，調配出由上至下密度漸增的液體（2.465～2.540g／ml），接著放入待測的玻璃碎屑。如果兩塊玻璃碎屑停留在同一層，即表示它們的密度相等，依此作出判斷。

網中蜘蛛

# 黑心漂白

　　天氣變冷了，明安在放學回家途中，經過某間連鎖藥局，想進去買暖暖包。剛走入店門，差點與一名中年男子撞個滿懷，他趕緊道歉：「對不起！」

　　對方只是低著頭，不發一語就急急忙忙走了。

　　明安看著那人的背影，「咦，這不是樓上的王伯伯嗎？怎麼這麼匆忙？」

　　王伯伯和明安住在同棟公寓，聽說他在自來水廠服務，而王伯母因為腦部長瘤，開刀後身體虛弱、經常昏倒，無法外出工作，平日都待在家裡，偶爾打掃屋子，很少出門，與鄰居互動也不多。

　　明安買好暖暖包後，才剛走進家中，就聞到一股淡淡的刺鼻味，遂向媽媽抱怨。

　　媽媽解釋：「這應該是漂白水的味道吧！不知道哪家在大掃除，臭了一整天！」

一會兒明雪回到家，進門也抱怨那股臭味，「這是氯氣的味道，我在實驗室裡聞過，一輩子都忘不了！」

　　這時，遠處傳來救護車的鳴笛聲，由遠而近且越來越大，戛然而止，似乎就停在樓下。正在聊天的三人都嚇了一跳，「該不會是附近發生什麼意外吧？」

　　明安打開鐵門想下樓湊熱鬧，卻見兩個醫護人員一前一後，抬著擔架跑上樓梯。

　　媽媽急忙拉住他，「不要出去妨礙救人工作！」

　　幾分鐘後，醫護人員抬著擔架下樓，明安在樓梯口張望。他看到上面躺著一名昏迷的婦人。雖然醫護人員已經幫她戴上氧氣罩，但明安仍認出她的容貌，「是王伯母！」

　　此時，明雪和媽媽也到門口查看。只見王先生著急的跟在醫護人員背後，媽媽關心的問他出了什麼事。

　　　　黑心漂白

　　王先生搖搖頭，「我回家就發現她昏倒在浴室地板上，趕緊通報119送醫，希望還能救回一命！」說完，他就匆匆忙忙下樓，跟著救護車走了。

　　媽媽不禁歎氣，「唉！王太太的身體本來就不好，希望這次能平安度過！」

　　明安嘟著嘴，「我剛剛在藥局遇到王伯伯，還差點相撞。」

　　媽媽無奈的說，「大概是幫太太買藥吧！她的身體很不好……」

　　一個小時後，鳴笛聲又響起，這次來的是警察。明安好奇的打開鐵門，看見李雄帶頭走上樓來，他開心的打招呼，「李叔叔好，請進來坐。」

　　李雄搖頭，「這次不是來聊天的，你們樓上有人死亡，我是來辦案的！」

「辦案？」媽媽和明雪聞言嚇了一跳，趕緊跑到門口問個究竟。

　　「你們樓上的王太太在送醫途中就死了，現在她先生正準備帶我到家裡查看。」李雄沉聲說明。

　　明安這時才發現王先生垂頭喪氣的由另一位警員陪伴，跟在李雄身後。

　　媽媽說：「王太太身體不好，常常上醫院，這次可能又臨時發病，只是家裡沒人，無法即時送醫，才發生不幸……」

　　王伯伯難過的點點頭，「唉！我今天要是請假在家陪她，就不會發生這種事了。」

　　李雄揮揮手，對媽媽說：「我懂你的意思。如果查看現場後沒問題，只要醫生開出因病死亡證明，就可以結案。不過基於職責，總是要到現場查看一下。」

　　　　黑心漂白

　　深思許久的明雪對李雄說，「爸爸託我拿件東西給你，請先進來一下，讓王伯伯上去開門，好嗎？」

　　媽媽狐疑的看著明雪，「你爸爸有東西要給李叔叔？我怎麼不知道？」

　　看著明雪高深莫測的模樣，李雄馬上會意，轉頭對警員說：「你先陪他上去，但不要移動現場東西。」警員點點頭，和王先生一同上樓去了。

　　明雪等李雄進屋後，把鐵門和木門都關上。

　　李雄問：「什麼事那麼神祕？」

　　「王伯母或許是病死，但也可能是被害死的！我想應該請張阿姨來蒐證。」明雪悄聲回答。

　　李雄皺眉，「每天因病死亡的人很多，如果沒有可疑之處，不可能每個案件都找鑑識專家來蒐證。」

　　明雪搖頭，「確實有可疑之處！」

「別胡說！你這是在指控王先生……萬一冤枉人家，以後見面時，多難為情！」媽媽出言制止。

明雪不理會她的反對，繼續問李雄：「你有沒有聞到刺鼻的味道？」

李雄點點頭，「這棟公寓平常就有此種味道嗎？」

「沒有，只有今天才聞到，而且早上更濃，現在已經比較淡了。」媽媽依實回答。

李雄沉思了一會兒，「嗯，那有必要找張倩來看看。」

語畢，李雄邊打電話邊上樓去，詳細觀察家中布置及詢問王太太的生活習慣後，就請警員帶著王先生到局裡做筆錄。

幾分鐘後張倩到了，並邀明雪上樓，幫忙找出刺鼻臭味的發散地。她們一走進王家，發現刺鼻味比樓下更濃；

黑心漂白

兩人互看一眼，心中都想著：「是從這裡散發出來的！」

李雄帶她們到浴室，指著地上，「根據王先生說法，他下班回來就發現太太俯趴在浴室地板，救護車上的醫護人員也證實他們抵達時，王太太是面朝下、倒在地板上。」

明雪把鼻子湊近洗手臺，用手由外向內搧——這是化學老師教的動作，嗅聞有毒氣體時使用這個方法，既可聞出藥品的特殊味道，也能避免一次吸入太多。「洗手臺排水管有很濃的氯氣味道。」明雪皺著眉說道。

張倩拿出一枝棉花棒在洗手臺排水管擦拭幾下，然後放進密閉的塑膠袋中。

她們又把房子內外看了一遍，在室外陽臺發現一瓶漂白水和清潔廁所用的鹽酸，並排放在窗臺上；旁邊還有個小塑膠盆，裡面殘餘些許水漬。明雪又把氣味搧過來聞，

「這個塑膠盆也有濃烈的氯氣味道！」

張倩聞言，把塑膠盆的水漬倒入小試管中密封起來，準備帶回去化驗。

明雪指著窗臺上的漂白水和鹽酸，「張阿姨，你和我想的一樣嗎？」

張倩點點頭，轉身向李雄報告，「這兩種液體如果混合在一起，就會產生氯氣。氯氣是種黃綠色的有毒氣體，不慎吸入後，會導致呼吸困難、咳嗽、喉嚨與眼睛不適等症狀。許多家庭主婦或游泳池清潔人員因為缺乏化學知識，容易把漂白水與其他清潔劑混用，結果產生有毒氣體，在各地都曾造成意外中毒的不幸事件。」

李雄聽完後下了結論：「所以王太太可能是打掃浴室時，把這兩種液體倒入塑膠盆裡混合，結果產生氯氣，因而中毒致死囉？這樣的話，就純粹是意外而沒有加害

　　　黑心漂白

者！」

　　張倩回答，「有可能。但一般氯氣中毒時，患者因為呼吸困難，都會逃離現場，不致中毒太深，頂多住院幾天就可康復。為什麼王太太沒有逃出求救？這點還要深入追查。」

　　「會不會是因為身體太虛弱，吸入毒氣就昏倒而沒機會求救？」李雄推測。

　　明雪點點頭，「當然有可能，不過我還有另外一個疑問——如果王伯母當場昏倒，那麼是誰把塑膠盆裡的液體倒入洗手臺？又是誰把它放在戶外通風處？」

　　李雄說：「這點我可以問問王先生，確認他回家後是否有移動這些物品。」

　　明雪送李雄和張倩下樓，回到家後，對媽媽和明安大略敘述在樓上所見情形；明安似乎若有所思，卻欲言又

止。

　李雄回到警局後，詢問王先生是否移動過塑膠盆、漂白水及鹽酸等物品，他略顯吃驚，但隨即恢復鎮定。

　他坦言：「是我移動的，因為一進門就聞到氯氣。我在自來水廠服務，本來就知道氯是用來消毒自來水的，所以對那味道很熟悉。我進入浴室發現太太昏迷，旁邊又有漂白水、鹽酸及塑膠盆，馬上明白是怎麼回事，所以趕緊把盆裡的液體倒掉，將物品放到通風處，然後打開門窗，以免連我也中毒，接著才報警。所有程序都是基於救人優先，我這樣做有錯嗎？」

　李雄質疑，「在我們發現你太太是氯氣中毒前，為什麼不講？」

　「因為沒人問我啊！現在你提出質疑，我就告訴你啦！」王先生大聲辯稱。

　　黑心漂白

李雄為之語塞，只好放他回去。

第二天下課後，明雪到警局找李雄和張倩。

張倩向她解釋檢查結果，「我化驗了塑膠盆及洗手臺裡的水漬，有大量鈉離子、次氯酸根及氯離子——沒錯，是漂白水與鹽酸的混合物！」

李雄插嘴道，「王先生承認倒掉盆裡的液體，但目的是為了使它不再產生氯氣，這是救人的動作。如果沒有別的證據，只能用意外中毒結案了！」

張倩焦急的說：「等等！法醫的解剖報告剛剛出來，王太太除了腦部有開刀舊疤痕外，肺部有發炎、水腫現象，眼角膜也發炎，這些都是氯氣中毒的症狀……這些都是意料之事，但她雙臂外側卻出現對稱性挫傷。」

這下子，李雄的精神來了，「這表示什麼？」

張倩意味深長的看他一眼，「代表她的兩臂曾遭捆

綁。」

李雄睜大眼，「難怪王太太中毒後無法逃出，因為她遭到捆綁！我想，氯氣也是蓄意製造、企圖置她於死地。」

明雪點點頭，發表她的意見：「沒錯！如果我們未深入追查，可能就以『因病死亡』結案——王太太本來身體就虛弱，也沒人會懷疑。後來我們察覺她是中毒而死，凶手就引導警方朝意外事件的方向思考……他的心思實在太縝密了！沒想到……」

話未說完，只見明安氣喘吁吁的跑進警局，大喊：「李叔叔，我知道了，王伯母是被害死的！已經找到證據了……」

明雪本來要責備明安不該打斷別人的談話，但既然跟案情有關，就讓他說下去。

　　　　黑心漂白

「昨天下午，我在藥局差點和王伯伯相撞，不久就發生王伯母中毒送醫的事。聽姊姊講，她是因氯氣中毒而死，我就想，若能知道王伯伯在藥局買什麼東西，可能對了解案情有幫助。所以剛剛放學後，我便回到藥局去問藥師。可是每天客人進進出出這麼多，藥師怎麼會記得哪個客人買什麼呢？幸好我帶了買暖暖包的發票，請他幫我查前一張的品名——結果你們猜，王伯伯回家前買了什麼？竟然是活性碳口罩！」

「說不定他剛好感冒，所以買個口罩也沒什麼稀奇。」明雪回嘴。

明安反駁，「可是藥師一看到發票就想起來，那個買口罩的人竟然當場打開包裝，還向他要了一杯水，把口罩弄溼，這種舉動很不尋常，所以令他留下深刻印象。」

張倩和明雪兩人異口同聲，「氯氣易溶於水，要把口

罩沾溼，才能隔絕！」

　　這時，一名年輕刑警走進來向李雄報告：「組長，你要我調查王太太的投保情形，結果已經出來了──她有張高達一千萬的壽險保單！」

　　李雄「嘩」的一聲從椅子上跳起來，「凶手不但預先知道家裡充滿氯氣，死者身上又有捆綁痕跡，現在再加上高額保險金作為謀財害命動機⋯⋯走吧，咱們抓人去！」說完就帶著年輕刑警出門。

　　張倩不禁摸摸明安的頭，「你這個發現可算是破案的臨門一腳，功勞不小唷！」

　　明雪望著因得意而不斷傻笑的弟弟，也感到與有榮焉。

　　　黑心漂白

大家<sub></sub>來破案 II

科學小百科

　　漂白劑是透過氧化還原反應以達到漂白物品的功效。常用化學漂白劑一般分為兩類：「氯漂白劑」及「氧漂白劑」。其中的氯漂白劑通常會與洗衣粉合併使用，家庭主婦有時亦將它當作消毒劑。如文中所述，此種漂白劑與廁所清潔劑混合時，容易產生有毒的氯氣；另外，也應注意不要將漂白劑與含氨清潔用品（如玻璃清潔劑）混合，或直接用來清理馬桶尿漬，除了會產生氯氨外，還可能出現一系列氯胺類的化合物，如氯胺（$NH_2Cl$）、二氯胺（$NHCl_2$）及三氯化氮（$NCl_3$，具爆炸性）等，這類化合物都有毒！

黑心漂白

# 水到渠成

　　上個星期六，黃璇邀同學到她家慶生，麗拉、明安都受到邀請。

　　黃璇家在一棟公寓的五樓，據說四樓住了一位很討人厭的鄰居。大約半個月前，黃璇邀同學到她家做功課時就曾抱怨過，那位女房客才承租四樓不到兩個月，卻跟公寓裡的每戶住家都吵過架，甚至常和路過行人對罵！

　　「路過行人？毫不相干的陌生人有什麼理由對罵？」明安不解的問。

　　黃璇不屑的說，「她呀，每天都在固定時間打開陽臺灑水器澆花。但她的花架延伸至人行道上方，只要一澆水，就會淅瀝嘩喇的滴到樓下，要是有路人恰好走過，就會被淋得渾身溼漉漉，脾氣不好的人自然開罵啦！」

　　麗拉聳聳肩，「淋溼別人當然要道歉啦！何況陽臺滴水會被檢舉，甚至還得罰款。這有什麼好吵的？」

「那你就太不了解她了！做出這麼理虧的事情，她竟然比對方還凶，常常在四樓對著行人破口大罵！」提起鄰居的惡行，黃璇只能搖頭歎息。

　　明安驚呼，「哪有這麼不講理的人？」

　　黃璇繼續抱怨，「還有更不講理的呢！她每天出門或回家，一定會用力甩鐵門，吵得整棟公寓的鄰居都受不了，好言相勸她也不聽。反而常常跑到樓上來，罵我們走路太用力，讓天花板一直震動，害她睡不著。所以我媽交代，這次你們到我家開生日派對，一定要壓低嗓門、放輕手腳，免得她跑上來罵人！」

　　明安苦笑搖頭。壓低嗓門、放輕手腳？那還叫什麼派對啊？其他同學心中也浮起一樣的疑問，但在黃璇熱情邀約下，只得點頭應允參加生日派對。

■　　　　■　　　　■

　　星期六中午，明安依照住址來到黃璇家樓下，他按了門鈴，黃璇很快就打開大門。明安從對講機中聽到熱鬧的嘻笑聲，推測應該有很多同學都抵達了。

　　經過四樓時，明安特別瞄了一下這家惹人非議的住戶——木門緊閉，但鐵門開著，顯然這位女房客在家。明安心想，樓上同學的喧鬧聲不小，但她也沒現身抗議，可能是黃璇說話太誇張了！

　　一進門，明安就笑問黃璇：「你不是說要壓低嗓門、放輕手腳嗎？我在樓下就聽到大家的吵鬧聲了！」

　　黃璇苦笑，「他們一開始還滿安靜的，後來人越來越多，氣氛逐漸熱烈起來，我也制止不了！幸好樓下的阿姨今天心情好像不錯，沒上來抗議。」

　　明安點點頭，接著就和大夥開心的唱歌、切蛋糕、吃大餐。

到了下午兩點，突然傳來一聲巨響，把大家嚇了一跳。黃璇頓時臉色發白，「那是樓下阿姨的關門聲……她該不會是要上樓罵人吧？」

　　同學們都屏息以待，等著挨罵；沒想到過了三分鐘，卻沒有進一步的聲響。

　　黃璇鬆了口氣，「我想，她大概直接出門了吧！」

　　看見大家都放下心中大石，麗拉提議，「哎呀！老是這樣提心吊膽，倒不如去公園玩。反正大家都吃飽了，沒必要留在這裡。」

　　這個意見立刻得到大夥的附議，一群人就浩浩蕩蕩的準備出門。因為時值夏天，女生們只要涼鞋一套，就先行出發；待明安穿好球鞋後，發現自己是最後一個下樓的人。再度經過四樓，他發現鐵門已經關上，但細心的他注意到地上有張衛生紙，已被先下樓的同學踩得髒兮兮。他

　　　　水到渠成

彎下腰把紙屑撿起來，卻發現衛生紙溼溼的黏糊在地面上。

奇怪的是，衛生紙上還綁著一條細棉線，他好奇的拉了一下。咦——它的另一端竟綁在鐵門上的橫框。再仔細查看，鐵門下的橫框還有另一條細棉線，由木門下的縫隙延伸進屋裡。

基於好奇，明安拿出手機，把鐵門、棉線、衛生紙和木門都拍下來，「看來這位阿姨非但脾氣不好，還有些怪癖。這些棉線和衛生紙不知有什麼特別用意？我還是少碰為妙，免得她又生氣。」

拍完照，他快步下樓趕上同學，大家嘻嘻哈哈的，明安很快就忘了在四樓看到的事情。

■　　　■　　　■

星期一上學時，大家免不了又談起前天開派對的事。

黃璇故作神祕的說，「昨天警察到家裡找我問話喔！」

　　「為什麼？該不會是樓下的阿姨檢舉我們太吵了吧？」膽小的麗拉最怕麻煩上身，不安的猜測。

　　黃璇搖頭，「不是啦！警察問的就是她的事。」

　　明安皺眉，「到底是什麼事呢？」

　　「警察問我們星期六有沒有看到她，而且，他們還挨家挨戶的詢問喔！」看著大夥好奇的眼神，黃璇公布謎底。

　　「那你怎麼回答？」明安追問。

　　黃璇微笑以對，「當然照實回答囉！我說，雖然一整天都沒看到她，但在下午兩點時，有聽到阿姨用力甩門的聲音。」

　　麗拉鬆了口氣，「那警察怎麼說？」

「他們聽完我的說法後，就表明沒有問題啦！」黃璇接著歎了口氣，「我真希望警察把她抓走，免得我們還要繼續受氣。」

歷經「震撼教育」的大家都為黃璇提心吊膽的生活感到同情，但明安卻不斷思索：為什麼警察要調查這位凶惡的阿姨呢？

此時上課鐘響了，同學們只好結束談話，回到座位。

這堂課是「自然與生活科技」，行過禮後，老師開口詢問近來引起熱烈討論的話題，「各位同學，在廁所用過的衛生紙應該丟進馬桶裡還是垃圾桶呢？」

同學們議論紛紛，歷經一番調查，大部分的人是丟垃圾桶，只有少數例外。

老師笑著說道，「麗拉長期住在美國，也曾到很多國家旅行，請她來說說她的經驗好了。」

被點名的麗拉站起身來，大方分享，「無論是美國或其他國家，大家都把衛生紙直接丟在馬桶裡，廁所的垃圾桶是讓女性丟生理用品的，只有台灣人把衛生紙丟在垃圾桶。我剛回來時還真有點不習慣。」

　　老師點頭附和，「沒錯，在其他國家，大家都把衛生紙直接丟進馬桶，因為衛生紙本來就設計成遇水即可溶解。只有台灣人偏要把它丟進垃圾桶，這樣不但增加垃圾量，也容易傳播病菌。」

　　黃璇聞言，拿起一包今早在校門口拿到的廣告面紙發問：「老師，我上廁所都習慣用面紙，這也可以直接丟進馬桶嗎？」

　　老師急忙搖頭，「不行，衛生紙纖維較短，在水中容易溶解，所以可以直接丟進馬桶，用水沖掉。但面紙纖維較長，不會溶於水，應該拿來擦拭臉上油垢，而非上廁所

時使用，也不能丟進馬桶。這樣你懂了嗎？」

「懂了！」經過老師詳細解釋，全班同學終於恍然大悟，齊聲回答。

■　　　■　　　■

放學後，始終對警察追查凶惡阿姨事件耿耿於懷的明安，急奔至警局找李雄，詢問案情始末。李雄本來三緘其口，不肯透露案情，但明安向他說明自己當天就在那棟公寓，說不定可以提供一些線索，李雄才勉為其難的答應。

「那名女房客叫廖惠，有竊盜前科，兩個月前才剛出獄，不久就搬到這個社區。起先，我們擔心她會在這裡犯案，所以加強此處的巡邏，但這兩個月來，社區的竊案並沒有增加，我們認為她可能已經改正以前的不良行為……」

「為什麼昨天又開始調查她？」明安追問。

李雄娓娓道來，「上個星期六下午，台北縣金山鄉有棟別墅發生竊案。小偷侵入時觸動保全系統，電腦顯示當時是下午兩點整。保全公司派員趕到時，屋內珠寶被搜刮一空，竊賊已揚長而去，顯示是個熟練的慣竊。警方根據別墅的監視器畫面研判，那名竊賊極可能是廖惠，因為闖空門的女賊不多，而且當地所長以前就曾逮捕過她，因此對她有印象。可是，監視錄影畫面模糊，他沒什麼把握，要我們詳細調查她當天行蹤……」

明安忽然打斷李雄，「但我們都聽到當天下午兩點的甩門聲啊！」

李雄苦笑，「沒錯，這就是重點。待詢問過公寓住戶後，大家都作證廖惠是在當天下午兩點才出門。同一個人不可能在相同時間出現在相距50公里的兩個地點，所以我已回電給金山鄉的派出所所長，請他排除廖惠犯案的可能

水到渠成

性。」

「鄰居們都是聽到甩門聲，還是曾看見她本人？」明安問。

李雄翻看筆錄，「都是聽到甩門聲。不過，大家指認那是她平常的習慣；更有一位鄰居在當天下午兩點，被她澆花的水淋溼——大家都知道她的脾氣，那位不想惹事的居民只能自認倒楣，並未上門理論。」明安仔細回想當天的情況，接著拿出手機，端詳許久。忽然，他興奮的雙手擊掌，「她真狡猾！要不是我細心，大家就被她騙了！」

聞言，李雄嚇了一跳，趕忙問道：「你有什麼發現嗎？」

明安把手機裡的照片拿給李雄看，並解釋為什麼他會拍下這些照片，「我當時也只是好奇，不了解她為什麼這麼做……現在我懂了！為什麼關門是兩點，澆花也是兩

點，甚至連竊盜案都是兩點——一切都是設定好的！」

他邊用手在照片上比畫，邊說明自己的猜測，「鐵門下方那條棉線綁在屋內的彈簧上，上方的棉線則延伸至陽臺，綁住衛生紙的一端；另一端又用棉線固定在牆壁的鐵釘上，位置正好在自動澆水器正下方。廖惠把這種容易買到的微電腦控制自動澆水器的時間，設定在下午兩點啟動，其實她一大早就已出門，趕到金山等候做案時機……」

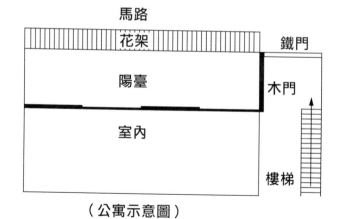

（公寓示意圖）

水到渠成

大家來破案 II

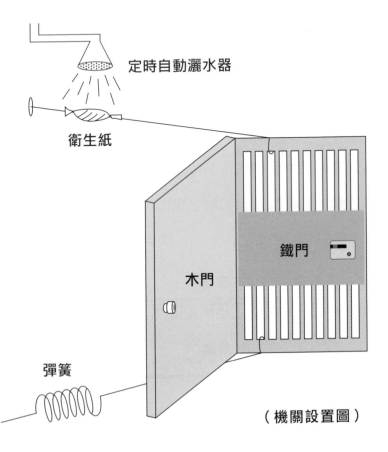

定時自動灑水器

衛生紙

鐵門

木門

彈簧

（機關設置圖）

李雄聽到這，忍不住插嘴，「等一下！她出門時不是都會大力甩門嗎？鄰居怎麼沒人聽到？」

　　明安推測，「我想她平常就故意用澆水、甩門等動作，使大家建立『那就是她的習慣』的印象。星期六那天，她應該很早就安安靜靜的出門，等到下午兩點，定時澆水器就弄溼衛生紙──衛生紙遇水溶解、破裂，上面的棉線自然鬆掉，下面的棉線受到彈簧拉力，就把鐵門關上，發出巨大聲響，使鄰居們以為她是那時才出門。同一時間她於金山動手行竊，萬一遭懷疑，還有鄰居幫她做出不在場證明！」

　　李雄搖搖頭，「真是狡猾！這計畫可說是天衣無縫啊！」

　　明安揚起得意笑容，「可惜人算不如天算，她沒想到那天有個生日派對。我上樓時看到鐵門開著，就認為阿

水到渠成

姨在家，可是派對那麼吵鬧，卻沒看到她上樓罵人，這跟她平日的風格不符。後來下樓時，我又看到溼的衛生紙和棉線，更覺得這件事情很詭異。今天在課堂上，老師說衛生紙的設計易溶於水，這讓我重新思考，當天在地板上看到的潮溼衛生紙和棉線可能別有用意！」李雄高興的說，「明安，謝謝你提供線索，我覺得這件案子有深入調查的必要。請把手機裡的照片傳到警局電腦，不過，你的線索只是拆穿了她的不在場證明，還不能斷定她是那名小偷，我得蒐集更多證據，才能採取行動。」

知道自己幫了個大忙，明安愉悅的點頭應允，接著兩人就快速走到電腦桌前傳輸照片。

李雄看完照片後，滿意的一笑，突然問明安：「我真的很好奇，為什麼你變得如此聰明、思辨能力這麼強？」

只見明安得意的抬起頭來：「因為啊──每次看到姊

姊被大家稱讚，老實說，我心裡都百味雜陳，除了羨慕，還很嫉妒耶！於是呢，這半年來，我只好趁閒暇時猛Ｋ推理小說，課餘也會隨時請教老師相關知識，看看可否增強功力。嘿嘿——想不到還真能派上用場哩！」

李雄拍了下明安肩膀，笑著說：「小老弟，你可真有一套！我老李甘拜下風啦！」

兩人爽朗的笑聲，瞬間傳遍警局每個角落，讓大家都感受到那股舒暢自信的愉悅。

■　　　■　　　■

兩天後，李雄打電話通知明安，警方由銷贓管道查獲失竊珠寶，購買贓物的人也指認那批貨是廖惠所賣，因此她又被逮捕入獄。

黃璇很高興公寓裡少了一位頭痛人物，嚷著要再辦一次慶祝派對，「這次，我們可以放心玩樂，不用擔心太吵

　　　水到渠成

鬧而挨罵了！」

「什麼？你的意思是我們上次還不夠吵？」面對一票像麻雀般吱吱喳喳的女生，明安不禁搖頭，大聲歎息。

## 科學小百科

　　在台灣，由於早期生活習慣及下水道設備較差之故，民眾多將衛生紙丟進廁所裡的垃圾桶；但這樣一來卻增加了垃圾量！根據生態學者陳玉峰等人研究，我國每天相關垃圾達340公噸之多，每年需花費近6億元來處理！

　　近年來許多專家學者開始提倡「將衛生紙直接沖到馬桶裡」，因為衛生紙纖維較短，可溶解於水。至於一般人也常使用的面紙，因為使用長纖材料等特殊成分加強其張力與柔軟度，遇水不易分解，所以面紙千萬不要丟入馬桶，以免造成堵塞。

　　　　　水到渠成

# 飛來一筆

　　里長伯要請客，這在地方上可是件大事。

　　他算得上是本里首富，因祖先留下大筆土地，光靠土地及房屋租金就過著富裕日子，所以不需靠工作謀生、沒有生活壓力，有多餘時間為地方事務奔走，已經蟬聯五任里長。

　　沒想到不久前，他做健康檢查，發現脖子有腫瘤，必須立刻開刀。因為擔心開刀有風險，可能一去不回，里長伯決定在開刀前宴請鄉親，感謝大家多年來的支持。

　　宴會訂於6點鐘開始，但里民從5點多就陸續進場，宴會場地設在里長家門前的廣場。明雪和明安跟著爸媽進場，找到空位就坐下，發現廣場邊還架設舞臺，請來樂團在現場表演。擔任主唱的女歌手大約三十幾歲，留著短髮，額頭寬大，歌聲嘹亮，很能帶動氣氛。

　　宴席進行到一半，里長上臺發表一段感性談話，感

謝鄉親多年來的支持，並開玩笑說如果開刀失敗，請大家把這次宴會當成告別。同時也承諾若開刀順利，將返回崗位，繼續為眾人服務。這席話獲得眾人如雷的掌聲，鄉親齊聲祝福他能恢復健康。

奇怪的是，女歌手一聽到里長伯身染重病，突然臉色大變，表情灰敗，接著像是做了什麼重大決定，深呼吸數次。

就在里長伯將麥克風交還給她時，她突然拉著他的手，拿出一張老照片。里長伯看到後十分震驚，語音顫抖：「妳……妳怎會有這張照片？」

女歌手輕聲說了幾句話，里長伯立刻拉著她走進家門。眾人雖有點意外，但仍繼續吃吃喝喝。

15分鐘後，里長伯牽著女歌手踏上舞臺。他一臉嚴肅的說：「各位，我有一件重大事情要宣布。這位是我的女

飛來一筆

兒，她從母姓，叫作周晶汝……」

眾人一片譁然，轉頭看里長的太太和兒子，兩人臉色蒼白並皺著眉頭。

「我年輕時在金門當兵，認識一位周小姐，馬上陷入熱戀；但退伍返台後，卻失去聯絡。我奉父母之命，娶了現在的太太，很感謝她多年來盡心扶持這個家。……晶汝拿出多年前我和她母親在金門的合照，並且說出當初兩人交往的許多細節，還表明母親曾告訴她，我就是她的生父。母親過世後她就到台灣來找我……你們看，她的額頭和我多相像啊！」

大家議論紛紛，對兩人寬額頭的相似度表示認同。

里長伯哀喜參半，「我很高興進手術房與死神搏鬥前，能知道自己還有一個女兒；就算手術失敗，我的人生也沒什麼遺憾了。」

接著，他對著臺下的妻兒說：「你們知道我每到新年都會重寫遺囑，我沒把握能否活到新的一年來臨，所以今晚就會立下新遺囑，壓在客廳的香爐下，祈求祖先保佑我康復。萬一我發生不幸，你們可以取出香爐下的遺囑，照我的意思處理遺產──你們放心，雖然找到失散多年的女兒，但我在遺產分配上不會虧待你們。」

　　雖然危機仍在，但眾人還是鼓掌祝賀里長伯骨肉重逢。里長夫人卻站起身來，罵了一句：「哪裡跑來的女騙子！你就這麼輕易相信她？」之後便氣沖沖的離開會場。里長的兒子也臭著一張臉，望著這個突然冒出來的姊姊。

　　本來氣氛熱烈的宴會竟發生這種尷尬場面，賓客們食不下嚥，紛紛提早離席。

■　　　　■　　　　■

　　幾天後，不幸的消息傳來：里長伯手術失敗，死在開

刀房裡，不能返回崗位為大家服務。

　　大家哀戚的心情尚未淡化，此時卻傳出爭奪財產的官司。

　　原來是那天與里長伯相認的女兒周晶汝一狀告上法院，主張里長伯曾親口答應會在開刀前修改遺囑，把她列入財產繼承人之一，但目前公布的遺囑卻只將里長夫人及兒子列為繼承人，周小姐因此認為兩人隱匿真正的遺囑。法院指定警方必須查出遺囑真偽，以利宣判。

　　整件事變成茶餘飯後的焦點，偶爾聽到鄰居以談論八卦的態度加油添醋，甚至傳言周小姐根本不是里長伯的骨肉，只是為詐騙遺產而假冒的騙子。

　　明雪和明安對播弄是非的人很不以為然，他們也關心此事，但覺得里長伯服務地方多年，大家應該合力找出真相，讓遺產按照里長伯真正的意思分配，而非捕風捉影、

胡亂猜測。

李雄和張倩今天恰好一起到明雪家拜訪。因為明雪常協助警方辦案，所以李雄和張倩與全家都極為熟識，辦案時若經過明雪家，常會進來喝杯茶再走。

爸爸順口問李雄，「里長伯的遺囑鑑定官司調查得如何？」

「我找過周小姐來問話。令我懷疑的是周小姐來台灣當歌手也好幾年了，為什麼一直沒找里長伯相認，直到里長伯的告別宴才出現？」

媽媽點點頭，「嗯，是不太尋常。她怎麼說？」

李雄依實回答：「她告訴我，她來台灣的前幾年都在為生活打拚，好不容易熬到擔任樂團主唱，有了穩定收入，才開始尋找生父；後來知道生父有龐大家產，她反而遲疑了，怕人家以為她是為了爭奪財產才出面。里長伯宴

客那天，她所屬的樂團碰巧應邀表演，她在臺上得知生父面臨生死關卡，禁不住情緒激動，才出面相認……」

「難怪我覺得她的表情怪怪的！」明雪喃喃的說。

「里長伯開刀當天，她在病房外等候。據她表示，里長伯曾拉著她的手說，如果手術成功，要陪她回鄉祭拜母親，而且他已修改遺囑，萬一無法康復，會留一份遺產給她，希望她拿這筆錢整修母親的墓。最後公布的遺產分配竟然沒有她的分，她才會認為父親的遺願遭到竄改，告上法院。」李雄補充說明。

媽媽忍不住詢問：「很多人謠傳說周小姐是個騙子，根本不是里長伯的女兒……」

張倩澄清，「里長伯的家人提出血緣關係鑑定，因此我們比對周小姐與里長兒子的DNA，證實兩人有共同的父親。為了錢財而亂認親人的事在以前很多，現在就很難得

逞，因為有了DNA比對技術後，什麼都騙不了人。」

明雪較關心技術面問題，「那遺囑鑑定結果？」

「我們找了最權威的筆跡鑑定專家協助調查，結果證實里長伯的簽名是真的。」張倩堅定的說。

爸爸推測，「女兒是真的，遺囑也是真的，那就是說，里長伯無意把財產分給她囉！」

李雄點點頭，「我也找了里長伯的妻兒來問話，他們說里長伯在宴席上就宣布不會分錢給周小姐。」

「宴席上？我們全家都在場啊！怎麼沒聽到這句話？」媽媽懷疑的問。

李雄笑著說：「即使是同一句話，也有不同解讀。根據調查結果，當天里長伯對妻兒說：『雖然找到失散多年的女兒，但我在遺產分配上不會虧待你們。』他的妻兒表示，這句話說明雖然他找到女兒，仍會把財產都留給他

飛來一筆

們，不會分給周小姐。」

「好像這樣也解釋得通，可是我在現場聽到的感覺不是這樣……」媽媽微皺眉頭。

李雄提出另一方的意見，「周小姐則說，里長伯在開刀房前拉著她的手告訴她，雖然骨肉重逢很值得高興，但太太跟了他幾十年，對他幫助很大，他跟兒子也有相處幾十年的情分，不能因為周小姐出現，而剝奪他們應得的權益，所以打算把遺產的一成留給周小姐，其餘九成仍由妻兒繼承。這就是他所說『不會虧待』的意思。」

媽媽點點頭，「這比較符合我在現場聽到的感覺。」

爸爸附和，「也比較像里長伯平常處事圓融的態度。」

李雄和張倩卻一臉苦笑，「但目前沒有證據能證實里長伯的確說過這些話……」

這時，滿頭大汗的明安回來了，他最近放學後就和同學去打棒球，直到快天黑才回家。見到家中有客人，他上前打過招呼，迫不及待要說說學校發生的事，「我告訴你們喔！林大顯超衰的……」

　　爸爸伸手制止他，「沒禮貌！大人們正在談話，你一進來就打斷話題。」

　　李雄搖搖手，「就讓他說吧！他的話題絕對比我們現在談的事情有趣。」

　　明安受到鼓勵，興匆匆的繼續敘述同學的糗事，「林大顯昨天自然科小考只考了9分，怕被爸爸罵，就自己拿紅筆在分數後面加個0，變成90分。拿回家給家長簽名時，他爸爸正在喝茶，看到他難得考90分，一時高興，就打翻了手中的茶，結果墨跡暈開，0竟然不見了，只剩下老師批改的9！他爸爸仔細一看，發現考卷上都是叉叉，當下知道

發生什麼事，臭罵大顯一頓，還扣他一星期的零用錢。」

「應該是老師用油性筆，而大顯則用水性筆，雖然看起來顏色一樣，但碰到水之後，油性墨水不溶於水，但水性墨水會溶，所以0不見了，對吧？想不到林爸爸不小心打翻茶水，就輕輕鬆鬆的鑑定出真假筆跡，真是高明的鑑識人員啊！」明雪開起玩笑來。

聽到這裡，張倩急忙站起身來，「我要回實驗室！」

李雄驚訝的問：「妳怎麼啦？有那麼急嗎？」

明雪以為自己說錯話了，緊張的看著她。

張倩解釋，「不，是明安同學的例子提醒我，簽字是真的，不代表整張遺囑都是真的，也許其中有某個部分被塗改過。我要回實驗室進行層析法，看看是否有部分內容經過塗改。」匆匆說完後，張倩就告辭了。

明安不解的問：「什麼是層析法？」

學化學的爸爸細心說明，「層析法的全名叫作色層分析法，是重要的化學分析方法。層析法的種類很多，有液相層析、氣相層析等，林爸爸的作法有點像濾紙色層分析法。正式作法是將色素點在紙上，把紙的末端浸泡在水或酒精中；當色素被這些溶劑帶著跑時，有些色素跑得快，有些色素跑得慢，墨水裡的幾種色素就被分開了，形成特殊圖案。各種不同廠牌的墨水即使看起來顏色相同，成分卻各有不同，在溶劑中形成的圖案也不一樣，可用來鑑定筆跡是否來自同一種墨水。」

　　明安恍然大悟的點點頭。

　　　　　■　　　　■　　　　■

　　兩天後，警方公布調查報告，證實遺囑的日期遭到竄改，有人把今年一月改成十月；換句話說，里長夫人及兒子公布的遺囑是年初簽訂，當時里長伯還不知道自己生

病，也不知道有個女兒。

里長夫人只好承認她在里長伯過世後，從香爐下取出遺囑，發現上面寫著要把全部遺產的一成交給女兒，其餘由母子分配。因為里長伯資產龐大，光一成也有將近一千萬，她捨不得把這些錢交給毫無關係的外人，因此偕同兒子燒燬新遺囑，由保險箱中取出年初留下的舊遺囑，並在日期上加了一筆。

東窗事發後，里長夫人表明願意依照真的遺囑分配遺產，但出乎她的意料，法官引用民法規定的「偽造、變造、隱匿或湮滅被繼承人關於繼承之遺囑者，喪失繼承資格」條例，判定周小姐繼承全部遺產。

里長夫人與兒子本可繼承九成的遺產，卻因一時貪念，反而全部落空，令人不勝欷歔。

消息見報後，當天下午，張倩又到家裡拜訪，還帶了

一盒甜點給明安。「多虧你說了那段小故事,給我靈感。回到實驗室後我仔細觀察遺囑,心想要像你同學一樣只加一筆,就讓整份文件大不相同,最有可能加在哪裡呢?最有可能就是修改日期,因為簽名和筆跡被判定是里長伯親手寫的,所以遺囑是真的。我用溶劑各自沾取『十』字的橫、豎筆畫,進行色層分析,發現果然是不同廠牌的墨水,證實那一豎是偽造的,全案因而宣告偵破。」

　　一旁的明雪搖搖頭,「想不到你也能建功。」

　　明安抬起頭,驕傲的說:「那有什麼?我可是名偵探呢!」

　　「是是是,以後就叫你名偵探明安好啦!」明雪翻了個白眼,張倩則被這對姊弟給逗笑了。

　　　　飛來一筆

大家 來破案 II

## 科學小百科

　　每次在外國辦案影集或偵探漫畫中，看到DNA鑑定是抓到凶手的重要證物，是否總讓你驚呼真是太神了？你可曾想過，為什麼DNA能使得真凶乖乖現形？

　　人體內的細胞是依分裂方式增加數目，因此形成組織與器官。細胞內含細胞核，核酸是從細胞核中取出的酸性物質，由核糖、鹼基及磷酸組成，分為兩種，一為核糖核酸（RNA），另一種則是去氧核糖核酸（DNA），後者是決定遺傳訊息的物質。

　　DNA中的鹼基序列即為遺傳密碼，是由父親及母親的遺傳因子所決定，除非是同卵雙胞胎，否則每個人的DNA都不同，這也是刑事鑑定常用DNA作生物跡證的

主要理由。血跡、精液、骨骼、肌肉、毛髮等皆可萃取出DNA，DNA分析技術被視為繼指紋分析後，最重要的刑事科學發展。

飛來一筆

　　因為星期一要段考，明雪星期天待在圖書館K書，到了午餐時刻，她打算到附近商店買個飯盒吃。

　　人行道上迎面走來一位中年婦人，手上牽著一隻狗。雙方越走越近，狗突然狂吠起來，嚇得明雪直往後退；中年婦人連忙喝止，並用力拉緊狗鏈，才阻止狗撲到明雪身上。

　　婦人一直向明雪道歉，她的狗仍不停狂吠，明雪只好揮手表示沒關係，繼續往前走。

　　前方又來了一位胖小姐，牽著一隻體型更大的狗，明雪心有餘悸，退到一旁。胖小姐笑說：「別怕，牠不會亂叫，也不會咬人。」

　　明雪看那隻狗雖然體型大、長相也凶，但主人似乎調教有方，因此牠行為規矩，乖乖坐著。明雪好奇兩隻狗怎麼差這麼多？

胖小姐有感而發，「我剛剛看到你被嚇到的那一幕了。主人應該從小訓練好寵物，畢竟在都市裡飼養會亂叫的狗，多少都會造成鄰居困擾，如果攻擊人，那就更糟糕了！」

　　「那你是怎麼訓練牠的呢？」見大狗乖乖待在一旁，明雪克服恐懼，拍拍牠的頭。

　　「你看！牠脖子上的電子項圈會感應吠聲，只要牠亂叫，項圈就發出超音波——這種音波人聽不到，對狗而言卻非常大聲，讓牠不舒服；久而久之，牠就不亂叫了。」

　　明雪恍然大悟，她知道動物的聽力比人好，能接收人耳聽不到的高頻，但沒想到可利用此原理訓練動物。

　　和胖小姐聊了一會兒，她想起午餐還沒有著落，便向對方道別。

　　賣飯盒的店家使用台東好米，所以生意很好。明雪看

　　　　　蝠音

店裡的座位都坐滿了，只好外帶。

　　她拿著飯盒信步走到附近的大水池。半片湖面長滿荷花，風景優美，且池水清澈，可看到湖底優游的魚兒；加上近幾年池畔鋪設自行車道，吸引單車族到此遊玩，使得這座水池成為本地觀光景點，每逢假日都熱鬧不已。

　　因為剛才摸過大狗，明雪先到公廁洗淨雙手，然後穿過停車場走到池邊。停車場幾近客滿，一道持續不斷的引擎聲卻吸引她注意——那輛引擎沒關的黑色車上顯然有人，雖然車窗半開，不過上面貼有隔熱紙，讓她看不清車內情形。

　　明雪覺得這種行為實在不環保，有些地方政府已制定法規，原地怠速三分鐘要罰錢，她瞄了一下車牌號碼，盤算是否該檢舉對方，但最後想想，還是作罷。

　　她坐在面向水池的草地上，幾個小學生正興高采烈

的拿著網子捕撈小魚，卻被一名路過的中年男子訓斥不該「危害公物」，聽在明雪耳裡，覺得他說得雖義正詞嚴，卻也十分逗趣。她打開飯盒，才吃了幾口，不遠處的樹林突然飛出一群蝙蝠，嚇得小學生驚聲尖叫。

明雪也嚇了一跳，這時，不知何處竄出一隻大黑狗，衝向一位騎腳踏車經過的白髮老翁，連人帶車撞倒他，並持續發動攻擊。

若不趕快阻止黑狗，老先生就有危險！明雪急忙撿起地上的樹枝，朝黑狗猛打，一旁的遊客也紛紛趕來支援，黑狗終於落荒而逃。

眾人扶起傷痕累累的老先生，急忙打電話叫救護車。一陣手忙腳亂，直到救護車遠離，明雪已失去食欲，只好收拾午餐，回到圖書館繼續K書。

途經停車場時，明雪發現引擎未熄的黑色轎車已開走

蝠音

了，她聳聳肩，絲毫不以為意。

■　　■　　■

　　第二天段考，生物考卷發了下來。其中一題問到：「蝙蝠是夜行性動物，在黑暗中飛行要如何辨識周遭地形與獵物？」

　　明雪笑了笑，昨天中午回到圖書館後，她特地溫習蝙蝠習性，這次考試果然考出來了——算是她見義勇為，趕跑黑狗、救了老先生，所以好心有好報吧！她自信的寫下答案：「蝙蝠利用超音波定位，可以辨識地形並找到食物。」

　　考完試後，明雪在走廊遇到生物老師，就把在大水池邊看見蝙蝠飛舞的事告訴老師。

　　老師附和：「我曾指導學生在大水池附近做過生態調查，那裡有大蹄鼻蝠，是台灣本地特有種，就住在池畔樹

洞；黃昏時可看到牠們出來覓食。」

「黃昏？但我是昨天中午看到蝙蝠飛舞呀！」

老師搖搖頭，「不可能！蝙蝠是夜行性動物，白天不會出來……除非，牠們受到驚擾。」

「驚擾？」明雪陷入長考，她覺得昨天並無特別事件會驚擾到蝙蝠，雖有小學生在嬉鬧，但池畔每到假日都是這樣，並沒有特別不同！

　　　■　　　■　　　■

星期二中午考完最後一科，明雪代替仍要上班的爸媽，到醫院探視受傷的親戚。前往醫院的路上，經過一家寵物用品店，明雪突然興起念頭，就進店裡逛逛。

探病結束，她想起前天救護人員曾詢問被狗攻擊的老先生姓名，又用無線電通報急診室——他正巧被送到這家醫院。由於掛念老先生傷勢，明雪準備順道探視，沒想到

　　　　蝠音

護士小姐說他仍在加護病房搶救。

心情沉重的明雪在醫院門口遇到私家偵探魏柏，兩人爭相驚訝喊道：「你（妳）怎麼在這兒？」

明雪率先回答：「我來探望一位前天被狗咬傷的老先生。」

魏柏睜大雙眼：「你說的是蔡輔老先生嗎？」

「對啊！怎麼？他投了巨額保險嗎？」明雪知道魏柏專門調查理賠案件，所以如此推測。

「嗯，蔡輔是位老農夫，祖先留下大筆農地，所以很有錢，投保巨額保險本屬正常。他膝下無子，領養一名男孩，取名蔡子瑋。蔡輔的老伴前幾年過世，他雖已70幾歲，但身體硬朗，每天仍到農地巡視；前天就是在回家途中，經過大水池遭到黑狗攻擊才受傷，目前還在加護病房觀察。因為這次事件純屬意外，理賠應該沒問題。」

明雪仍不放心，「這麼說來，如果老先生發生意外，受益人就是蔡子瑋囉？這個人有沒有問題？」

　　「據我調查，蔡子瑋已三十幾歲了，未曾有過正當工作，還結交壞朋友，整天不務正業；不過，他並沒有犯罪前科……你瞧，他就在對街等朋友來接。他剛剛探望老先生時，我和他談過話。」

　　她望向對街，唱片行門口有個穿黃襯衫、戴著墨鏡的瘦削年輕人，正舉手向一輛黑色轎車打招呼。轎車靠向路邊，讓他上車。

　　明雪心頭猛地一震──她認出那輛黑色轎車的車牌號碼，連忙問道：「魏大哥，你有沒有開車來醫院？」

　　「當然有。怎麼啦？」魏柏一頭霧水。

　　「快，跟蹤那輛黑色轎車！」

　　他一臉不解，「為什麼？」

蝠音

「別問了，快去開車！車上我再慢慢告訴你。」

■　　　　■　　　　■

　　兩人一路跟蹤到市郊山腳下，黑色轎車駛進鐵皮屋前的空地，上面立了一塊「愛犬訓練學校」招牌，屋旁是一排鐵籠。魏柏怕被發現，不敢跟得太近，在遠處就停靠路邊。「現在怎麼辦？」

　　這時，一名農夫騎著腳踏車，從轎車旁經過；明雪靈機一動，叫住農夫並小聲和魏柏商討計畫。她用手機打了一通電話後，便獨自向愛犬訓練學校走去。

　　她一踏上鐵皮屋前的空地，籠子裡十幾隻狗同時吠叫，聲勢驚人；屋內馬上衝出一隻大黑狗，朝明雪狂吠。

　　屋裡走出一名膚色黝黑的長髮男子，喝止狗群吠叫，原本籠子裡嘈雜的狗立刻安靜，黑狗也在原地坐定。蔡子瑋隨後走出屋外，站在他身後。

長髮男子打量明雪，覺得有些面善，卻想不出在哪見過她。「你有什麼事嗎？」

　　明雪微笑以對，「我想為我家小狗找個教練，教牠一些把戲。」

　　他一聽是顧客上門，立刻堆滿笑容，並遞上名片，「你真是找對地方了！我是狗狗訓練師，你可以叫我謝教練；如果你將狗送來訓練，牠就會這麼聽話。」接著他指揮黑狗做一些動作。

　　明雪又問了一些與訓練課程相關的問題，接著提議：「我希望能了解一下您的訓練成果，請問我可以做個實驗嗎？」謝教練自負的說：「你儘管試，我的狗聽話得很！」

　　此時正好有一位腳踏車騎士經過，明雪取出稍早在寵物店買的金屬哨子，用力一吹——雖然沒發出響亮哨音，

蝠音

只有「噓、噓」的微弱氣流聲，蹲坐在地的黑狗一躍而起，往腳踏車騎士飛撲而去，人與狗扭纏成一團！

明雪對謝教練大喊：「快叫狗回來！」

他吆喝一聲，黑狗立刻回到他身邊坐好，倒在地上的騎士也站了起來。

待看清楚對方面容，蔡子瑋驚訝高呼：「你不是剛剛問我話的保險調查員嗎？」

原來，腳踏車騎士就是魏柏！他邊拍去身上灰塵，邊點點頭。

謝教練這時也恍然大悟，「我想起來了！你就是前天在公園裡用樹枝打小黑的女生，對不對？當時我只遠遠看見你，加上你現在穿學生制服，我一時認不出來……說！你來這裡做什麼？」

也不管站在一旁的魏柏，他粗聲粗氣的威嚇眼前的小

女生。

明雪深吸一口氣，壯著膽子回道，「我說過了，我是來做實驗的。你剛才親口承認前天去過大水池，那麼攻擊老先生的狗應該就是這隻小黑，沒錯吧？」

謝教練這才明白她是來調查案件的，雖有點懊惱，仍極力辯駁，「世界上黑狗這麼多，你怎能證明攻擊老先生的就是小黑？」

魏柏回應：「這倒不難！老先生當時的衣著被當成證物保存，從咬痕中一定能化驗出狗的DNA！」

謝教練強作鎮定，「我……我承認前天到大水池旁遛狗，小黑卻突然失控，攻擊一位老先生；我因為害怕，事發後趕緊帶牠回家……一切都是意外，頂多我賠償醫藥費就是，沒什麼大不了的！」

「可是我的實驗證明這並非意外，而是預謀殺人事

蝠音

件。」

「你胡說些什麼？」謝教練氣急敗壞的喝斥。

明雪晃了晃手中的哨子，「這是狗笛，你身為訓練師不可能不知道，這種哨子能發出人類聽不到的超音波，但狗接收得到。你和蔡子瑋應該相當熟識，我猜想他為了早點得到養父的財產和大筆保險金，所以與你勾結，把蔡老先生的生活習慣告訴你，包括每天上午騎腳踏車到菜園，中午返家吃飯；然後由你負責訓練小黑，一聽到狗笛聲就攻擊騎腳踏車的……」

見兩人臉色一陣青、一陣白，明雪得理不饒人，再乘勝追擊：「你前天依照計畫到大水池邊，讓小黑躲在草叢裡，你則待在車上觀察。等老先生騎車經過，你就吹響狗笛；池畔遊客聽不見笛聲，只看到小黑咬人，都可作證是意外事件，加上老先生年紀那麼大，如果受不了摔車及被

狗咬傷的折磨而一命嗚呼，你們的陰謀就得逞了……」

　　等不及明雪一長串的數落，魏柏氣憤插話，「可是剛剛實驗證明，受過訓練的小黑會以狗笛為命令，才攻擊腳踏車騎士。你們非但領不到保險金，我還要告知警方，以『蓄意謀殺』罪名起訴你們！」

　　謝教練立刻出言恐嚇，「哼！你們既然知道小黑受過訓練，只要我一聲令下，牠就會咬斷你們的喉嚨！」

　　他手一舉，小黑果真露出白色尖牙，擺出攻擊姿態。

　　明雪此時雖仍害怕不已，但她還是裝出神色自若的表情，「哈哈！我們既然敢來，難道會讓自己陷入險境嗎？這位調查員魏先生可是武術高手，所以剛才小黑根本傷不了他；況且──」她故意好整以暇的停頓一下，「我在下車前早就打電話報警了！」說完，只見蔡、謝兩名男子驚疑不定。

蝠音

此時，警笛聲由遠而近，謝教練和蔡子瑋知道事蹟敗露，轉為互相指責對方。

李雄指揮部屬將兩人押上警車，小黑也被裝進狗籠，等候法院發落。他還帶來好消息：「蔡老先生已經清醒，醫生說沒有生命危險了。」

警車離去後，魏柏先將腳踏車還給附近農家，然後載明雪回家。他好奇詢問：「歹徒的計畫幾乎天衣無縫，你怎麼察覺他們利用超音波操縱狗兒犯罪，還建議我假扮腳踏車騎士，讓他們露出馬腳？」

明雪笑著說：「大水池恰巧在前面，你把車停在停車場，我表演給你看。」

她指揮魏柏把車停在星期天中午謝教練停車的位置，並將車窗搖下一半，「謝教練因為心虛，隨時準備『落跑』，所以沒熄火，引起我的注意。小黑可能潛伏在附近

草叢，待謝教練拿出狗笛……」她對著狗笛用力一吹，池畔樹林間突然飛出一群蝙蝠，嚇了魏柏一跳。

「這是怎麼回事？」

「謝教練用狗笛指揮小黑犯案，可是蝙蝠也對超音波很敏感。當狗笛一響，雖然人類毫無知覺，但蝙蝠受到驚擾，就算是大白天，也從樹洞飛出。這種不尋常現象引發我的懷疑，今天才能順利破案。」明雪詳細解釋。

魏柏點點頭，「謝教練利用動物犯罪，沒想到也因為動物而露出破綻！」

明雪意味深長的說：「所以囉，百密必有一疏。人還是千萬別存有做壞事的念頭！」

魏柏對她一笑：「你年紀輕輕就老成持重，當起老師父了！」惹得明雪一陣白眼。

蝠音

大家來破案 II

## 科學小百科

　　超音波是指20千赫（kHz）以上的聲音，人類無法聽到，卻是夜行性動物（例如蝙蝠）及海底生物（例如鯨魚）用來溝通及定位的最佳工具。

　　蝙蝠發出的超音波頻率約在20～120千赫之間，不同種類的蝙蝠發出的頻率各有差異，但具有極佳回聲定位能力，讓蝙蝠能清楚得知餌的距離、方向及形狀。依照頻率律動，蝙蝠的超音波大致可分為兩型：一為常頻頻率的CF型，頻率固定，音波較單調，含載訊息也較少；另一則為調頻頻率的FM型，波長較短，音訊複雜，能迅速判定目標的方向、距離及特徵。是不是很神奇呢？

蝠音

# 赤眼殺機

　　明雪和魏柏聯手破解了「蝠音」的案子，回到家後，把整個辦案經過轉述給弟弟明安聽。尤其講到魏柏偽裝成路過的腳踏車騎士受到黑狗攻擊的過程，明雪形容得精采萬分。

　　明雪說：「那隻黑狗好凶猛啊，魏大哥竟敢赤手空拳與牠搏鬥，而且毫髮無傷，真是太神勇了！」

　　明安回想起當初和魏柏大哥初識第一天，還見過他一次撂倒三個小流氓呢！那一天……

　　晚上十點多，明安從麗拉家出來，急著想回家。今天老師出的作業好難，同學們都不會做，明安和兩位同學相約到麗拉家一起討論，大家集思廣益，總算把作業完成了。但抬頭一看時鐘，發現已超過十點，大家急忙向麗拉告辭。明安回家的路與其他人不同方向，只好一個人走。

雖然媽媽曾交代過，晚上公園裡會有小流氓，不可以獨自進入；但明安急著回家，不想繞路，幾番思考後，為了節省二十分鐘，他決定直接穿越公園。

　　園內有些路燈故障，漆黑一片，微風吹拂樹梢，發出沙沙聲響。明安不禁有點心慌，急忙加快腳步。經過噴水池時，突然前方三條人影擋住了他的去路，「嘿，小鬼！要到哪裡去？」

　　糟糕，遇上媽媽口中的小流氓了！明安心裡暗叫不妙。

　　為了防堵他回身逃跑，其中兩個小流氓已繞到明安身後，形成三角形把明安包圍在中間。明安感到腹背受敵而更加恐懼，這時，站在他面前的那人伸出手，「小鬼，你跑不掉了，身上有多少錢都拿出來！」

　　因為是到麗拉家作功課，所以明安出門時沒有多帶

赤眼殺機

錢,「反正身上只有幾個銅板,就都給他們吧!」他邊想邊伸手從口袋裡掏出零錢,交給面前的小流氓。

「什麼?只有二十五元?你把我們當乞丐嗎?」小流氓生氣的說。

這時,原本站在背後的兩個小流氓,一左一右架住明安的臂膀,站在前方的那人則打算伸手搜明安的口袋。

明安覺得這太過分了!嘴裡喊著:「錢全部都給你們了,還要怎樣?」他不斷扭動身軀,企圖掙脫兩人的挾持。

站在前面的小流氓見明安反抗,就用力推他一把,其他兩人則乘機放開明安,讓他往後跌坐在地上。接著全部一擁而上,打算用腳踢他,明安只能用雙手抱著頭保護自己,完全無力還擊。

就在拳腳要落在明安身上時,傳來一聲怒吼:「幹什

麼！」三個小流氓嚇了一跳，趕忙停止動作，往聲音的來源查看。只見一個年輕男子大步向他們走來。

三人見對方只有一人，不以為意，喝斥他：「別多管閒事！」

年輕男子回道，「三個欺負一個，我非管不可！」

小流氓們仗著人多，全欺上去，打算圍毆年輕男子。想不到一陣乒乒乓乓的打鬥之後，三人竟然都被撂倒，落荒而逃。

男子走上前，一把拉起明安，「小弟弟，你有沒有受傷？」

「謝謝大哥哥救我，我不要緊。」

男子鬆了口氣，「那就好。我帶你離開公園，這裡晚上不安全，以後不要獨自前來。」

兩人出了公園之後，男子在路燈下檢視明安傷勢，

赤眼殺機

「跌倒時有點擦傷，應該不要緊，快回家吧！」

明安這時才看清男子的面貌。他的臉龐瘦削，下巴留著短鬚，年紀應該只有二十幾歲，脖子上還掛著一部單眼數位相機。

明安問：「大哥哥，你叫什麼名字？」

男子由口袋抽出一張名片給明安，「我叫魏柏，是個私家偵探。剛剛為了查案進入公園，正好發現一群小流氓打你，不得不插手相助……現在我必須繼續工作，不陪你了！」說完，魏柏又走進黑暗的公園。

明安回到家，媽媽見他手腳擦傷便關心詢問。清楚受傷的原因後，除了為他擦藥，也不斷碎碎念，責備他不該在晚上進入黑暗的公園。等傷口處理完，爸爸趕緊帶明安到警局向李雄報案，折騰到深夜，一家人才能安睡。

第二天吃完晚飯後，爸爸說：「救你的那位大哥哥住

哪裡？我們應該當面謝謝他。」

明安找出名片來看，「柏克萊偵探社，地址是……」

爸媽買了籃水果，帶著明雪和明安前去。偵探社在一棟公寓的二樓，樓下狹窄的騎樓橫七豎八停滿機車。他們按了門鈴，卻沒人回答。爸爸搖搖頭，「唉！忘了事先打個電話約時間，魏先生可能外出，看來咱們白跑一趟了。」

這時正好有一名住戶要上樓，他進門後反身要把大門關上。爸爸急忙用手一攔，說：「我們來拜訪二樓的魏先生。」住戶沒說話，「登登登」的就上樓去了。明雪一家人走到二樓，果然看到一扇木製大門，上面鑲著一塊毛玻璃，噴了幾個紅色大字──柏克萊偵探社。

明安探看了一下，試著用手推門，「好像沒鎖耶！」爸爸要阻止已經來不及，木門「呀」一聲被推開了。

　　裡面的景象可把他們嚇了一大跳！魏柏趴在地上，背後插著把尖刀，流了不少血；辦公桌上的文件、電話、傳真機等，都凌亂的散落一地。

　　爸爸傾身探查魏柏的鼻息，「幸好，還有呼吸，快叫救護車！」

　　媽媽急忙用手機向119求救，接著又打110聯絡警方。

　　明安蹲在地上查看散落的文件，明雪制止他，「這是刑案現場，別亂動！」

　　明安一臉無辜的說：「我只用眼睛看，沒亂動啊！姊，你看這張紙上怎麼會有黑色圖案？」

　　因為傳真機打翻在地上，整捲傳真用的白紙散開在地面，紙上有一大塊黑色斑點，像極了潑墨畫。明雪瞪著這個圖案，百思不解，未曾用過的傳真紙，怎會出現黑色汙點？

這時救護車趕到，醫護人員把魏柏抬了出去，李雄和張倩也率領數名員警抵達現場。

　　明安憂心的問，「大哥哥會不會是因為救我，得罪了那幾個小流氓，才被砍殺呢？」

　　李雄拍了拍他的頭，「應該不是。昨晚找你麻煩的人，是一群輟學的高中生，今天中午就被我逮捕了，現在還在警局裡接受偵訊呢！」

　　「魏叔叔昨晚說他受客戶委託，到公園查案。他隨身帶著相機⋯⋯說不定跟這件事有關！」明安皺著眉回想道。

　　李雄點點頭，「魏柏的傷非常嚴重，短時間之內恐怕無法會客。如果能找到相機，就可以看看他拍到了什麼？」

　　明雪則拉著張倩去看那一捲傳真紙，「這個圖案是怎

　　　　赤眼殺機

麼來的，我還沒有想清楚，不過我覺得這應該是破案的關鍵！」

張倩說：「嗯，我會把這些紙張帶回去化驗。」

這時，其他員警要拉起封鎖線，所以要求明安和他的家人離開。

一家人走到樓下時，正好在狹窄的騎樓機車陣中，遇到一個背著書包、剛由補習班下課的國中生，大家只好側著身子相互禮讓。因為距離很近，明安看到那名國中生的白眼球泛紅。

等國中生走過後，他悄聲的說：「那個人眼睛好紅喔！」

媽媽回答，「對啊！最近台灣正流行紅眼症。」

明雪腦中突然閃過一個念頭，她喊道：「你們等我一下！」接著立刻跑回二樓，但門口的警察卻不准她進入屋

內。

　　她隔著封鎖線呼喊張倩，「阿姨，注意找找牆角或地上有沒有眼藥水瓶！」

　　張倩聞言，就趴在地上，用手電筒照射桌子、櫃子下的每個角落。不久，她果然在櫃子下，找到一個被擠壓變形的塑膠製眼藥水瓶，瓶蓋已掉落一旁。

　　李雄走上前問明雪是怎麼回事。她從隨身包包裡拿出筆和紙，邊畫邊解釋，「傳真紙又稱感熱紙，它的構造是在紙上塗了白色素和顯色劑。白色素本來是白色，但如果和酸性的顯色劑混合，就會變成藍黑色。傳真的原理是就是利用熱把白色素融化，讓它與顯色劑混合，就能顯現出藍黑色的文字和圖案。」

　　看李雄頻點頭，明雪繼續說明：「可是熱怎麼會造成這些紙上如潑墨的圖案呢？我始終想不明白。但是剛剛在

赤眼殺機

樓下巧遇紅眼症病人，就讓我解開這個謎了！如果酸性液體直接潑在傳真紙上，就能代替顯色劑使它變黑；不信的話，你可以拿醋滴在傳真紙上，就會看到黑色斑點。魏柏的辦公室不開伙，自然不會有醋，所以我想凶手可能是紅眼症病人，因為硼酸水溶液可以清洗眼睛，防治紅眼症……」

（傳真紙構造圖）

在一旁聆聽的張倩，這時也開口說道，「魏柏既然能獨力擊退三個小流氓，可見他精於武術；無奈凶手趁他不注意時，由背後刺殺，他負傷後仍與其纏鬥，導致凶手不慎掉落眼藥水，濺到掃落在地的傳真紙上！你的推測應該

是這樣沒錯吧？明雪。」

明雪開心的拚命猛點頭。「這麼說，凶手可能是罹患紅眼症的人囉？」李雄沉思了一會兒，向明雪說道，「我知道了，你快隨爸媽回家吧！案子若有進展，我會通知你們！」

隔天，爸媽帶著姊弟至醫院探望魏柏，巧遇李雄也到醫院製作筆錄，他順便告知了案情的發展，「張倩從傳真紙上驗出硼酸，遺落在櫃子下的眼藥水瓶也含有相同物質，和明雪的推測一致。我們從瓶上的指紋查出，凶手是勁冠公司的工程師。整個案子的來龍去脈是這樣的：魏柏的客戶是勁冠公司老闆，因懷疑公司內有人從事商業間諜勾當，把自家機密賣給別家公司，所以委託魏柏調查。」

瞧明雪一家人聽得仔細，李雄繼續敘述，「結果魏柏不但查出間諜是一名工程師，還拍攝到這人把公司機密交

赤眼殺機

付別家公司的照片。工程師察覺被跟拍後，怕魏柏把照片交給老闆，會害自己丟掉工作並且吃上官司，所以先下手為強，到偵探社刺殺魏柏，搶走照相機，自以為神不知、鬼不覺。因為我們從眼藥瓶的指紋，迅速追查到他涉案，所以魏柏的相機還在他身上，人贓俱獲，不容狡賴！當員警押著他回警局時，看到那雙布滿血絲的眼睛，我和張倩都不禁笑出聲來。老陳啊！你這兩個小孩真不簡單哪！」

明雪和明安聞言，不好意思的搔了搔頭，相視而笑。

魏柏經過醫生悉心治療，半個月後就康復出院了。由於他是明安的救命恩人，所以深受明雪家歡迎，而明安也救過他，因此他和明安結下深厚的緣分，成為忘年之交！

# 科學小百科

　　硼酸（Boric Acid）是種無色、無氣味的片狀或粉末狀固體，具毒性，對皮膚有刺激性。在工業上，硼酸及其他硼化合物可添加於玻璃，用以製造耐熱器皿；在醫學上，其水溶液可作為洗眼睛的藥水。

　　　　赤眼殺機

國家圖書館出版品預行編目資料

大家來破案 II，大小偵探／陳偉民著；米糕貴圖.
　-- 初版. -- 台北市： 幼獅, 2009.12
　　面； 公分. --（智慧文庫）

　ISBN 978-957-574-752-7（平裝）

307.9　　　　　　　　　　98021561

·智慧文庫·

# 大家來破案 II ：大小偵探

作　　　者＝陳偉民
繪　　　者＝米糕貴
出 版 者＝幼獅文化事業股份有限公司
發 行 人＝李鍾桂
總 經 理＝王華金
總 編 輯＝林碧琪
主　　　編＝韓桂蘭
美術編輯＝李祥銘
總 公 司＝10045台北市重慶南路1段66-1號3樓
電　　　話＝(02)2311-2836
傳　　　真＝(02)2311-5368
郵政劃撥＝00033368

印　　　刷＝崇寶彩藝印刷股份有限公司　　幼獅樂讀網
定　　　價＝200元　　　　　　　　　　http://www.youth.com.tw
港　　　幣＝73元　　　　　　　　　　e-mail:customer@youth.com.tw
五　　　刷＝2020.07　　　　　　　　幼獅購物網
書　　　號＝987185　　　　　　　　http://shopping.youth.com.tw

行政院新聞局核准登記證局版台業字第0143號
有著作權·侵害必究(若有缺頁或破損，請寄回更換)
欲利用本書內容者，請洽幼獅公司圖書組(02)2314-6001#236

**幼獅文化公司** ／讀者服務卡／

感謝您購買幼獅公司出版的好書！
為提升服務品質與出版更優質的圖書，敬請撥冗填寫後（免貼郵票）擲寄本公司，或傳真
（傳真電話02-23115368），我們將參考您的意見、分享您的觀點，出版更多的好書。並
不定期提供您相關書訊、活動、特惠專案等。謝謝！

**基本資料**

姓名：................................................ 先生／小姐

婚姻狀況：□已婚 □未婚　職業： □學生 □公教 □上班族 □家管 □其他

出生：民國................ 年................ 月................ 日

電話：（公）................（宅）................（手機）................

e-mail：................

聯絡地址：................

1.您所購買的書名：**大家來破案 II**

2.您通常以何種方式購書?：□1.書店買書 □2.網路購書 □3.傳真訂購 □4.郵局劃撥
　　　　（可複選）　　□5.幼獅門市 □6.團體訂購 □7.其他

3.您是否曾買過幼獅其他出版品:□是，□1.圖書 □2.幼獅文藝 □3.幼獅少年
　　　　　　　　　　　　　　　□否

4.您從何處得知本書訊息：□1.師長介紹 □2.朋友介紹 □3.幼獅少年雜誌
　　　　（可複選）　　□4.幼獅文藝雜誌 □5.報章雜誌書評介紹................ 報
　　　　　　　　　　□6.DM傳單、海報 □7.書店 □8.廣播(　　　　　　　　)
　　　　　　　　　　□9.電子報、edm □10.其他................

5.您喜歡本書的原因：□1.作者 □2.書名 □3.內容 □4.封面設計 □5.其他

6.您不喜歡本書的原因：□1.作者 □2.書名 □3.內容 □4.封面設計 □5.其他

7.您希望得知的出版訊息：□1.青少年讀物 □2.兒童讀物 □3.親子叢書
　　　　　　　　　　　　□4.教師充電系列 □5.其他

8.您覺得本書的價格：□1.偏高 □2.合理 □3.偏低

9.讀完本書後您覺得：□1.很有收穫 □2.有收穫 □3.收穫不多 □4.沒收穫

10.敬請推薦親友，共同加入我們的閱讀計畫，我們將適時寄送相關書訊，以豐富書香與心
　　靈的空間：

(1)姓名................ e-mail................ 電話................
(2)姓名................ e-mail................ 電話................
(3)姓名................ e-mail................ 電話................

11.您對本書或本公司的建議：

廣 告 回 信
台北郵局登記證
台北廣字第942號

請直接投郵　免貼郵票

10045　台北市重慶南路一段66-1號3樓

幼獅文化事業股份有限公司

請沿虛線對折寄回

客服專線：02-23112832分機208　傳真：02-23115368

e-mail：customer@youth.com.tw

幼獅樂讀網http：//www.youth.com.tw